Word+Excel+PPT+

思维导图+PS+钉钉+甘特图+电脑加速

职场办公视频教程8合1

（微课视频版）

精英资讯◎编著

中国水利水电出版社

www.waterpub.com.cn

·北京·

内 容 提 要

《Word+Excel+PPT+思维导图+PS+钉钉+甘特图+电脑加速：职场办公视频教程8合1》以职场办公为出发点，以短时间内提升工作效率为目标，系统全面地讲解了职场办公中的8大常用办公软件的应用，帮助职场小白全面提升办公技能。

全书共13章，内容包括：Word文档的基础操作技巧、编辑技巧、排版技巧，Excel表格及单元格操作技巧、表格数据分析技巧、图表数据分析技巧，PPT演示文稿的设置技巧、应用切片和动画技巧、放映及输出技巧，思维导图制作技巧，Photoshop CS处理图像技巧，钉钉办公技巧，甘特图与电脑加速等。

本书配有丰富的学习资源，包括225集同步视频讲解和全书实例的源文件；附赠资源有：2000套办公模板，包括Word、Excel、PPT办公模板等，1100集教学视频，包括Word、Excel、PPT教学视频等，帮助读者系统全面地学习。

本书适合零基础且想快速掌握电脑办公技能的读者学习，也适合作为各大职专院校的教材和教学参考书。

图书在版编目 (CIP) 数据

Word+Excel+PPT+思维导图+PS+钉钉+甘特图+电脑加
速：职场办公视频教程8合1 / 精英资讯编著. —北京：中国水
利水电出版社，2023.5

ISBN 978-7-5226-1465-6

Ⅰ.①W… Ⅱ.①精… Ⅲ.①办公自动化—应用软件
Ⅳ.①TP317.1

中国国家版本馆CIP数据核字(2023)第053022号

书　　名	Word+Excel+PPT+思维导图+PS+钉钉+甘特图+电脑加速：职场办公视频教程8合1 Word+Excel+PPT+SIWEI DAOTU+PS+DINGDING+GANTETU+DIANNAO JIASU : ZHICHANG BANGONG SHIPIN JIAOCHENG 8 HE 1
作　　者	精英资讯　编著
出版发行	中国水利水电出版社 (北京市海淀区玉渊潭南路1号D座 100038) 网址：www.waterpub.com.cn E-mail: zhiboshangshu@163.com 电话：(010)62572966-2205/2266/2201(营销中心)
经　　售	北京科水图书销售中心(零售) 电话：（010）68545874、63202643 全国各地新华书店和相关出版物销售网点
排　　版	北京智博尚书文化传媒有限公司
印　　刷	河北文福旺印刷有限公司
规　　格	190mm×235mm　16开本　15.25 印张　421千字
版　　次	2023年5月第1版　2023年5月第1次印刷
印　　数	0001—5000册
定　　价	69.80元

PERFACE 前言

　　为帮助广大办公新手和电脑初学者在短时间内提升办公技能，本书以Office 2021版本为基础，系统全面地讲解了职场办公中几款常用的办公软件的应用技巧，并重点介绍了如何在Word、Excel、PPT中对文档、表格数据和演示文稿进行管理、分析、统计、演示等操作。这是办公人员最常用的3款软件，无论是一线工作的职场办公人员，还是企业的高级管理人员，都需要通过创建文档、表格和演示文稿做好日常的管理分析工作。

　　除此之外，钉钉考勤办公、使用XMind创建思维导图、使用Photoshop CS处理图像并利用蒙版图层设计创意图片、使用甘特图进行项目管理以及基础电脑加速等内容在书中也通过少量篇幅进行了介绍，以帮助读者快速入门。

>>>本书特色

　　① **视频讲解，快速入门**：本书录制了225集视频，包含Word、Excel、PPT的常用操作功能讲解及实例分析，用手机扫描书中二维码，看视频讲解，快速入门。

　　② **内容全面，讲解细致**：本书涵盖了Word、Excel、PPT、思维导图、PS、钉钉、甘特图、电脑加速等的使用方法和技巧，并结合范例辅助理解，内容科学合理，好学好用。

　　③ **图解操作，步骤清晰**：本书采用图解模式逐步介绍各个功能及其应用技巧，清晰直观，简洁明了，可使读者在最短时间内掌握相关知识点，快速解决办公中的疑难问题。

　　④ **在线交流学习**：本书提供QQ交流群，"三人行，必有我师"，读者可以在群里相互交流，共同进步。

>>>本书资源列表

　　(1)配套视频：本书配套225集同步讲解视频，读者使用手机微信扫码即可看视频讲解。

　　(2)配套源文件：本书提供配套的源文件，读者可以下载到电脑中进行练习操作。

　　(3)附赠以下拓展学习资源：

　　① 2000多套Word、Excel、PPT办公模板文件。

**Word+Excel+PPT+思维导图+PS+钉钉+甘特图+电脑加速：
职场办公视频教程8合1**

Excel官方模板。

Excel市场营销模板。

Excel VBA应用模板。

Excel其他实用样式与模板。

PPT模板。

Word文档模板。

② 1100集Word、Excel、PPT教学视频。

Excel范例教学视频。

PPT教学视频。

Word技巧教学视频。

Excel财务管理模板。

Excel人力资源模板。

Excel行政、文秘、医疗、保险、教务等模板。

PPT经典图形、流程图。

PPT元素素材。

Excel技巧教学视频。

Word范例教学视频。

>>>资源的获取及联系方式

① 读者可以扫描下方的二维码，或在微信公众号中搜索"办公那点事儿"，关注后发送WXL14656到公众号后台，获取本书的资源下载链接。将该链接复制到计算机浏览器的地址栏中（一定要复制到计算机浏览器的地址栏，在计算机端下载，手机不能下载，也不能在线解压，没有解压密码）。

② 加入本书的QQ交流群712370111(若群满，会创建新群，请注意加群时的提示，并根据提示加入对应的群)，读者间可互相交流学习，作者也会不定期在线答疑解惑。

"办公那点事儿"微信公众号

>>>作者简介

本书由精英资讯组织编写。精英资讯是一个Excel技术研讨、项目管理、培训咨询和图书创作的Excel办公协作联盟，其成员多为长期从事行政管理、人力资源管理、财务管理、营销管理、市场分析及Office相关培训的工作者，其出版的办公系列图书长期在市场销售中名列前茅。

>>>致谢

本书能够顺利出版，是作者、编辑和所有审校人员共同努力的结果，在此表示深深的感谢。同时，祝福所有读者在职场一帆风顺。

编 者

目录

CONTENTS

目录

CONTENTS

目录

CONTENTS

第2篇　Excel 篇

目录

CONTENTS

Excel篇　第2篇

第6章　图表数据分析技巧 99

视频讲解：133分钟

目录

CONTENTS

第2篇　Excel篇

目录

CONTENTS

目录

CONTENTS

第 3 篇
PPT 篇

目录

CONTENTS

思维导图篇　第4篇

目录

CONTENTS

第 5 篇

PS 篇

目录

CONTENTS

第
6
篇

钉
钉
篇

目录

CONTENTS

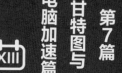

第1章
文档基础操作技巧

1.1 创建新文档

要编辑文档，首先要新建文档，既可以自由创建，也可以使用Word文档模板创建，或者在相关网站上下载免费或付费的Word文档模板。

1.1.1 创建空白文档

扫一扫 看视频

要制作各类文档，首先必须创建一个新的 Word 文档，然后才能在文档中进行输入、编辑及文本处理工作。

❶ 新建文档前要启动Word程序，单击计算机桌面左下角的■按钮，然后单击Word图标，如图1-1所示。

扩展 如果要打开Office的其他程序，也可以在该列表中单击Excel或Power-Point图标。

图1-1

❷ 启动程序后首先进入的是Word启动界面，界面左侧显示的是"开始""新建"和"打开"选项，在界面右侧单击"新建空白文档"按钮即可创建新文档，如图1-2所示。

扩展 "最近"列表中显示最近打开过的文档，如果这里就有需要打开的文档，可双击该文档快速打开。

图1-2

❸ 此时即可得到如图1-3所示的空白新文档。

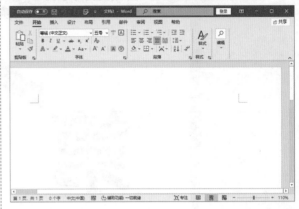

图1-3

1.1.2 创建模板文档

扫一扫 看视频

用户可以使用 Word 提供的在线模板文档，将在线模板文档下载到计算机中后，再根据需要修改其中的文字及其他元素，将其设置为自己的专属模板文档。

❶ 进入Word启动界面后，单击"新建"选项，打开右侧的"新建"界面，在搜索框内输入模板类型，如"简历"，如图1-4所示。

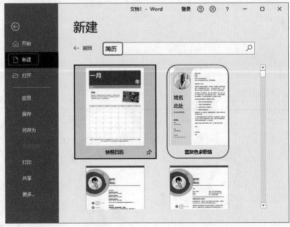

图1-4

❷ 单击"搜索"按钮即可搜索到各种指定类型的模板文档。

❸选择某一模板文档后，单击"创建"按钮(见图1-5)即可进入下载界面。

图1-5

❹下载完成后打开模板文档(见图1-6)，根据实际工作需要，修改其中的标题大小及正文内容即可(可以保留模板中的文字及其他元素的格式效果)。

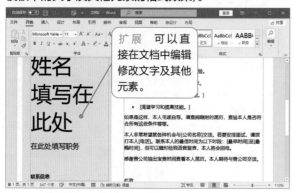

图1-6

1.1.3 下载 Word 模板

如果内置的在线 Word 模板文档无法满足实际办公需求，可以在相关网站上下载免费或付费的 Word 模板文档。

扫一扫 看视频

❶打开计算机浏览器，并在地址栏中输入相关网址(本例以"我图网"为例)，打开页面，在首页中输入想要下载的 Word 模板文档类型名称，如图1-7所示。

图1-7

❷单击"搜索"按钮即可搜索到相关模板文档，如图1-8所示。

图1-8

❸单击"立即下载"按钮，进入下载界面。

❹单击"免费下载"按钮(见图1-9)即可进行下载。

图1-9

❺下载完成后在相应文件夹中打开保存的文档会得到如图1-10和图1-11所示的文档封面首页和正文页内容，根据需要直接在文档中编辑文字即可。

图1-10

图1-11

1.2 保存新文档

创建新文档之后，需要将文档保存到指定文件夹中，以方便日后查看和编辑。

1.2.1 保存文档

扫一扫 看视频

创建 Word 文档后，需要将其保存下来才能反复使用。因此使用 Word 程序创建文档时一定要记得保存文档，以防操作内容丢失，在后续的编辑过程中，可以一边操作，一更新保存。在保存文档时还需要根据文档用途重命名，方便后续查看和使用。

❶在文档中输入内容后，在快速访问工具栏中单击"保存"按钮圖，如图1-12所示。

❷在编辑文档的过程中按Ctrl+S组合键也可以实现快速保存。

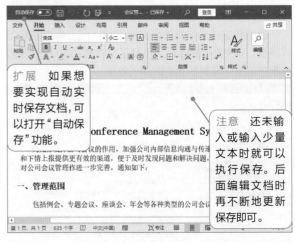

> 扩展 如果想要实现自动实时保存文档，可以打开"自动保存"功能。

> 注意 还未输入或输入少量文本时就可以执行保存。后面编辑文档时再不断地更新保存即可。

图1-12

1.2.2 "另存为"对话框

扫一扫 看视频

通过"另存为"对话框可以设置文档的保存名称、保存路径和保存格式。

❶打开文档后，单击"文件"选项卡(见图1-13)，打开文件面板。

❷在打开的面板中单击"另存为"选项右侧的"浏览"选项(见图1-14)，打开"另存为"对话框。

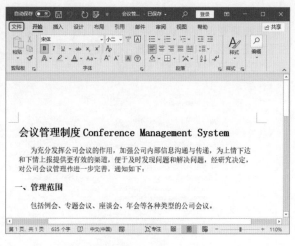

图1-13

图1-14

❸设置好保存位置，在"文件名"文本框中输入文档名称，单击"保存"按钮（见图1-15）即可将新建的文档保存到指定的文件夹中。

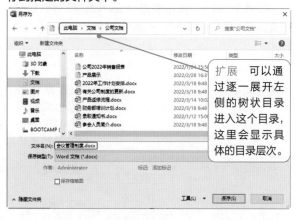

扩展 可以通过逐一展开左侧的树状目录进入这个目录，这里会显示具体的目录层次。

图1-15

经验之谈

在新建文档后第一次保存时，单击"保存"按钮，会打开面板提示设置保存位置与文件名等。如果已经保存了当前文档（即首次保存后），单击"保存"按钮则会以覆盖原文档的方式进行保存（即随时更新保存）。为防止断电、死机等突发情况的发生，一般都是在建立文档时就设置保存位置与文件名并进行保存，在之后的编辑过程中不断更新保存。如果想将文档另存到其他位置，则可以使用"文件"选项卡中的"另存为"选项，打开"另存为"对话框重新设置保存位置进行保存即可。

1.2.3 设置保存类型

如果想要在任意版本的 Word 中打开文档，可以将文档保存为"Word 97-2003 文档（*.doc）"格式，也可以根据需求设置为其他文档格式类型。

扫一扫 看视频

❶按照1.2.2小节中介绍的操作步骤，打开"另存为"对话框后，单击"保存类型"右侧的下拉按钮，打开"保存类型"下拉列表，在其中选择合适的保存类型，如图1-16所示。

❷单击"保存"按钮即可完成文档的保存。

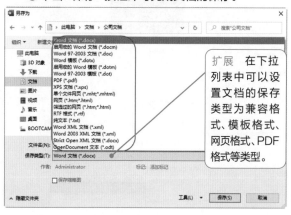

扩展 在下拉列表中可以设置文档的保存类型为兼容格式、模板格式、网页格式、PDF格式等类型。

图1-16

经验之谈

如果对方计算机中没有安装Office程序，无法打开Word文档，将文档保存为PDF格式即可打开文档并进行查看。

1.2.4 ▶ 设置文档默认保存格式和保存路径

扫一扫 看视频

如果想要将每天创建使用的文档保存为相同的格式并保存在相同的文件夹中，可以在"Word选项"对话框中统一设置。

>>>1. 默认保存格式

❶打开文档后，单击"文件"选项卡中的"选项"(见图1-17)，打开"Word选项"对话框。

❷切换至"保存"选项后，在"保存文档"栏下单击"将文件保存为此格式"下拉按钮，在打开的下拉列表中选择一种保存格式，如"Word 97-2003文档(*.doc)"，如图1-18所示。

❸设置完成后，单击"确定"按钮即可完成默认保存格式的设置。

图1-17

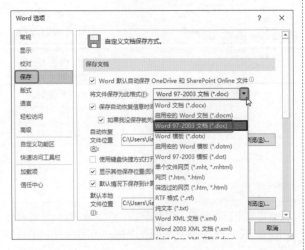
图1-18

>>>2. 默认保存路径

❶如果要设置默认保存路径，可以在"保存文档"栏下单击"默认本地文件位置"右侧的"浏览"按钮(见图1-19)，打开"修改位置"对话框。

图1-19

❷修改文档的文件夹保存路径，如图1-20所示。

图1-20

❸单击"确定"按钮返回"Word选项"对话框，即可看到修改后的保存路径，如图1-21所示。

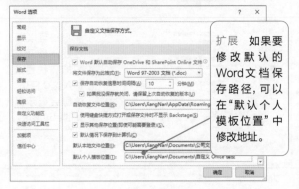
图1-21

扩展 如果要修改默认的Word文档保存路径，可以在"默认个人模板位置"中修改地址。

❹单击"确定"按钮返回文档，即可完成默认保存路径的设置。

1.3 文档窗口操作

文档窗口操作包括比例缩放、创建目录文档、拆分和并排查看文档，以及快速在几个不同的文档视图之间进行切换。

1.3.1 快速缩放文档

如果文档中的文字显示过大或过小，可以通过状态栏右下角的"放大"和"缩小"按钮粗略地调整文档显示比例，也可以通过"缩放"对话框精确地调整文档显示比例。

扫一扫 看视频

>>>1. 快速缩放

打开文档，单击状态栏右下角的"放大"按钮（见图1-22）即可放大文档。如果要缩小文档，单击"缩小"按钮即可。

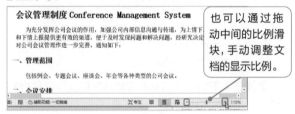

也可以通过拖动中间的比例滑块，手动调整文档的显示比例。

图1-22

>>>2. 精确缩放

❶打开文档后，在"视图"选项卡的"缩放"组中单击"缩放"按钮（见图1-23），打开"缩放"对话框。

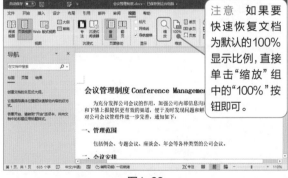

注意 如果要快速恢复文档为默认的100%显示比例，直接单击"缩放"组中的"100%"按钮即可。

图1-23

❷在"显示比例"栏中可以选择缩放比例，也可以在"百分比"数值框中设置精确的缩放比例值，如图1-24所示。

图1-24

❸单击"确定"按钮返回文档，即可看到缩放比例后的文档显示效果，如图1-25所示。

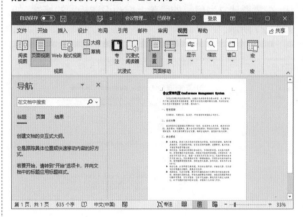

图1-25

1.3.2 创建目录文档

如果一个文档较长，为了能快速定位阅读，需要为文档建立清晰的目录。目录在长文档中的作用很大，它可以让文档的结构一目了然，如果想查找哪一部分内容，可以通过目录快速定位。在未经设置时，文档是不存在各级目录的，下面介绍为当前文档建立目录的方法。

扫一扫 看视频

Word+Excel+PPT+思维导图+PS+钉钉+甘特图+电脑加速：职场办公视频教程8合1

❶打开文档，首先定位光标到要设置为目录的段落中，在"开始"选项卡的"样式"组中单击"标题1"样式(见图1-26)，即可将该文本建立为一级目录。

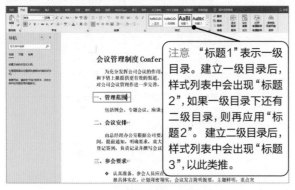

注意 "标题1"表示一级目录。建立一级目录后，样式列表中会出现"标题2"，如果一级目录下还有二级目录，则再应用"标题2"。建立二级目录后，样式列表中会出现"标题3"，以此类推。

图1-26

❷选中第一个设置完成的目录，双击"格式刷"按钮，在需要建立为目录的段落上拖动设置相同的格式，如图1-27所示。

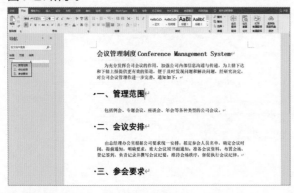

图1-27

经验之谈

建立目录后，在"视图"选项卡的"显示"组中勾选"导航窗格"复选框(见图1-28)，可以显示出目录导航，可以看到清晰的文档目录，通过单击目录即可实现快速定位。

图1-28

1.3.3 拆分文档窗口

扫一扫 看视频

如果想要在同一个文档窗口中迅速查看不同位置的内容，可以使用文档"拆分"功能。

❶打开文档，在"视图"选项卡的"窗口"组中单击"拆分"按钮(见图1-29)，即可将文档页面一分为二，并在文档中添加阅读滚动条。

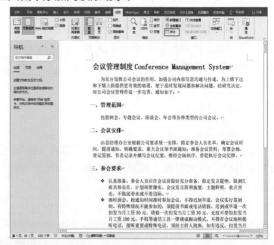

图1-29

❷通过上下滚动条和左右滚动条可以实现文档内容的查看，如图1-30所示。

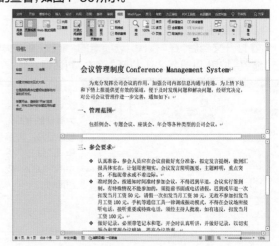

图1-30

经验之谈

如果要取消文档拆分状态的显示，可以单击"视图"选项卡的"窗口"组中的"取消拆分"按钮。

1.3.4 并排查看文档

扫一扫 看视频

如果需要将同一篇文档并排对比查看，可以启用"并排查看"功能。

❶ 打开文档后，单击"视图"选项卡的"窗口"组中的"并排查看"按钮，如图1-31所示。

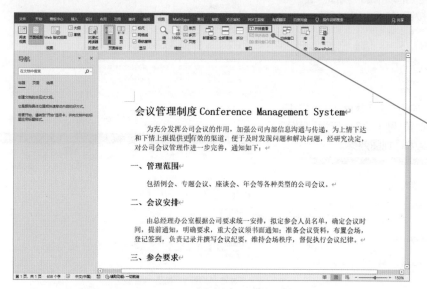

注意 如果要实现并排查看文档，需要同时打开两个及以上文档，再执行"并排查看"命令。

图1-31

❷ 此时即可看到两个同时打开的文档在计算机界面中并排显示，效果如图1-32所示。

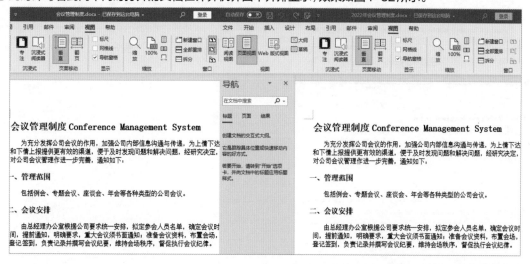

图1-32

1.3.5 快速切换文档视图

扫一扫 看视频

　　Word 为用户提供了五种视图效果，分别是"阅读视图""页面视图""Web 版式视图""大纲"和"草稿"，默认的视图效果为"页面视图"。

❶打开文档后，在"视图"选项卡的"视图"组中可以看到五种视图效果的切换按钮，如图1-33所示。

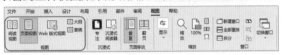

图1-33

❷图1-34所示为"阅读视图"视图效果，图1-35所示为"Web 版式视图"视图效果，图1-36所示为"大纲"视图效果，图1-37所示为"草稿"视图效果。

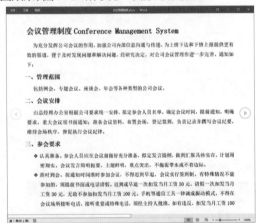

图1-34

图1-35

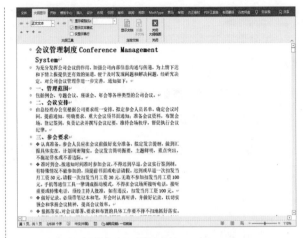

图1-36

图1-37

第2章

文档基础编辑技巧

2.1 输入文本并设置格式效果

用户在Word文档中输入文本之后，可以根据版面设计需求重新设置字体格式，包括输入中/英文、输入特殊符号、添加下划线、添加边框、设置底纹效果等。

2.1.1 输入中/英文

扫一扫 看视频

创建一个新的 Word 文档后，可以直接在文档的相应页面中输入中文和英文。

❶ 将光标置于文档空白处，通过计算机中安装的输入法直接在其中输入中文即可，如图2-1所示。

图2-1

❷ 如果要输入英文，可以将输入法切换到英文状态，并在空白处输入英文字母组合成一个句子。选中英文句子后，单击"开始"选项卡的"字体"组中的"更改大小写"下拉按钮，在打开的下拉列表中选择"每个单词首字母大写"选项(见图2-2)，即可快速修改英文字母显示效果，如图2-3所示。

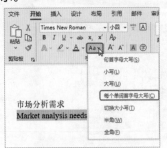

图2-2

图2-3

2.1.2 输入特殊符号

扫一扫 看视频

在文档特定位置添加特殊符号，不仅可以使该位置上的内容更醒目，而且可以使文档整体更新颖。通过 Word 提供的"插入符号"功能即可插入平时很少使用的符号。由于键盘上的符号非常有限，许多符号都需要通过该功能输入。

❶ 将光标定位到需要输入特殊符号的位置，单击"插入"选项卡的"符号"组中的"符号"下拉按钮，在打开的下拉列表中选择"其他符号"选项(见图2-4)，打开"符号"对话框。

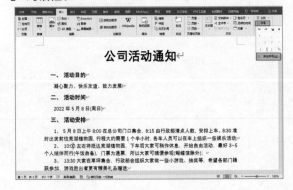

图2-4

❷ 在列表中单击需要的特殊符号即可，如图2-5所示。

❸ 单击"插入"按钮即可快速插入符号，按照相同的方法在其他位置插入特殊符号，最终效果如图2-6所示。

图2-5

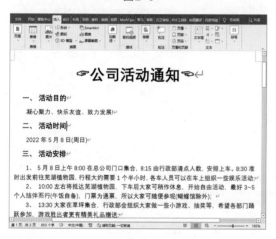

图2-6

2.1.3 设置字体、字号、颜色

Word 中输入的文字格式、字号和颜色都是默认的，用户可以根据文档编排和设计需求，任意更改文字的字体、字号和颜色。

扫一扫 看视频

❶选中要调整的文本，单击"开始"选项卡的"字体"组中的"字体格式"下拉按钮，在打开的下拉列表中选择一种文字格式(如"等线Light")，如图2-7所示。

❷此时即可更改字体格式，继续单击"开始"选项卡

的"字体"组中的"字号"下拉按钮，在打开的下拉列表中选择一种字号(如"一号")，如图2-8所示。

图2-7

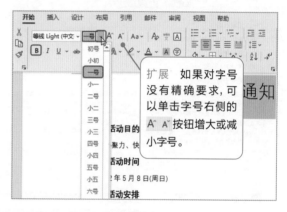

图2-8

❸此时即可更改字体大小，继续单击"开始"选项卡的"字体"组中的"字体颜色"下拉按钮，在打开的下拉列表中选择一种颜色，如图2-9所示。此时即可更改字体的颜色。

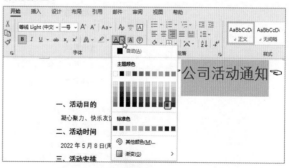

图2-9

2.1.4 添加下划线

扫一扫 看视频

标题文本的修饰技巧除了字体、字号和字体颜色之外，还包括添加下划线，下划线包括虚线、实线、单线、双线等各种效果。

❶选中要添加下划线的文本，单击"开始"选项卡的"字体"组中的"字体"对话框启动器(见图2-10)，打开"字体"对话框。

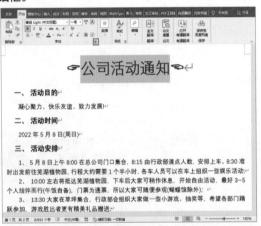

图2-10

❷单击"下划线线型"下拉按钮，在打开的下拉列表中选择一种下划线样式，如图2-11所示。

扩展 在"字体"对话框中也可以一次性设置文字的字形、字号、颜色和格式。

图2-11

❸单击"确定"按钮，即可为指定文本添加指定样式的下划线，效果如图2-12所示。

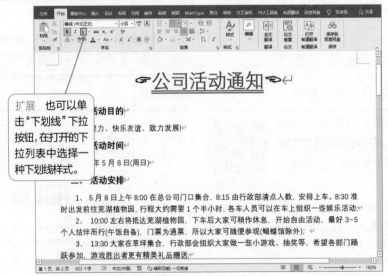

扩展 也可以单击"下划线"下拉按钮，在打开的下拉列表中选择一种下划线样式。

图2-12

扫一扫 看视频

2.1.5 设置艺术字效果

如果想获得更加专业且具有设计感的标题文本效果，可以将文字转换为艺术字效果，快速为文本添加轮廓、填充、立体三维等格式效果。

>>>1. 套用艺术字

❶选中文本，单击"插入"选项卡的"文本"组中的"艺术字"下拉按钮，在打开的下拉列表中选择一种艺术字样式，如图2-13所示。

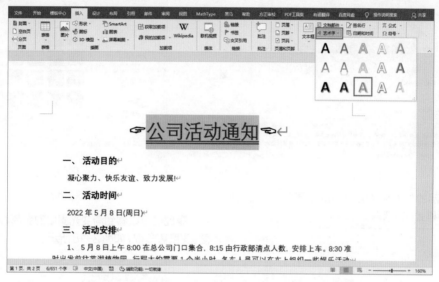

图2-13

❷此时即可将文本转换为艺术字效果，如图2-14所示。

图2-14

15

>>>2. 自定义艺术字

❶ 选中要设置艺术字的文本，单击"开始"选项卡的"字体"组中的"字体"对话框启动器(见图2-15)，打开"字体"对话框。

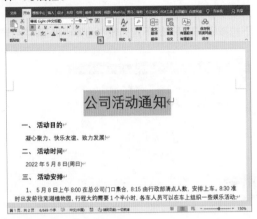

图2-15

❷ 单击底部的"文字效果"按钮(见图2-16)，打开"设置文本效果格式"对话框。

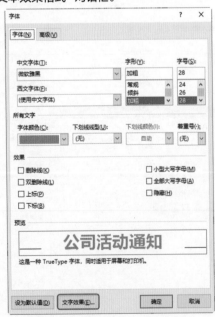

图2-16

❸ 在"文本填充"栏中选中"渐变填充"单选按钮，单击"预设渐变"下拉按钮，在打开的下拉列表中选择一种预设渐变效果，如图2-17所示。

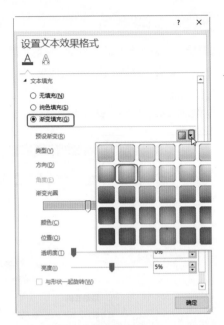

图2-17

❹ 此时可以看到渐变光圈中的颜色、应用位置、透明度、亮度等参数，如图2-18所示。

图2-18

❺ 继续打开"文本轮廓"栏，选中"实线"单选按钮，并设置轮廓线的颜色和宽度，如图2-19所示。

图2-19

❻切换至"文字效果"选项卡。在"映像"栏中单击"预设"下拉按钮，在打开的下拉列表中选择一种预设效果，如图2-20所示。

图2-20

❼依次单击"确定"按钮返回文档，即可看到自定义艺术字标题的应用效果，如图2-21所示。

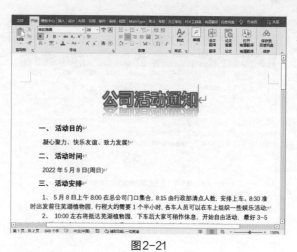

图2-21

经验之谈

如果要快速清除为文本设置的所有艺术字样式，可以单击"开始"选项卡的"字体"组中的"清除所有格式"按钮。

2.1.6 设置文字底纹效果

如果要突出显示文档中的重点数据或文本，可以为其设置底纹显示效果。

扫一扫 看视频

❶选中文本，单击"开始"选项卡的"字体"组中的"文本突出显示颜色"下拉按钮，在打开的下拉列表中选择"黄色"，如图2-22所示。

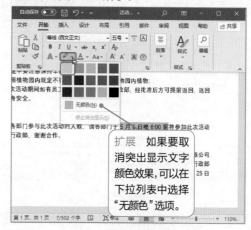

扩展 如果要取消突出显示文字颜色效果，可以在下拉列表中选择"无颜色"选项。

图2-22

❷返回文档后，即可看到选中的文本以黄色底纹突出显示，效果如图2-23所示。

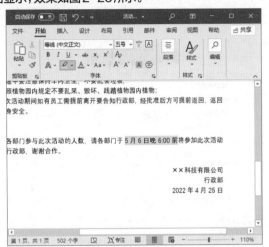

图2-23

2.1.7 为文本添加边框

扫一扫 看视频

使用"字符边框"功能可以直接为文本添加外部边框效果。

❶选中文本，单击"开始"选项卡的"字体"组中的"字符边框"按钮，如图2-24所示。

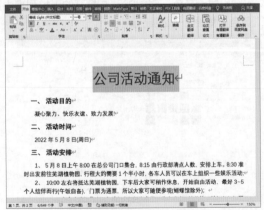

图2-24

❷单击后，即可看到选中的文本周围添加的边框效果，如图2-25所示。

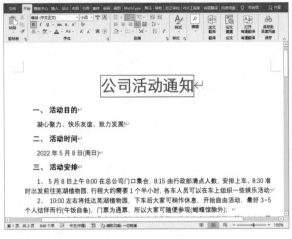

图2-25

2.1.8 格式刷引用文本格式

扫一扫 看视频

当文档中有多处需要应用相同的格式时，如文字格式、项目符号与编号或者标题样式等，都可以先设置好一个样式，然后直接使用"格式刷"快速刷取相同的格式。

❶选中已经设置好文字格式和编号样式的文本，单击"开始"选项卡的"剪贴板"组中的"格式刷"按钮（见图2-26），激活格式刷。

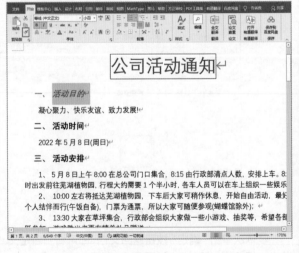

图2-26

❷此时鼠标指针旁会出现刷子形状，按住鼠标左键不放，拖动选取要应用相同格式的文本即可，如图2-27所示。

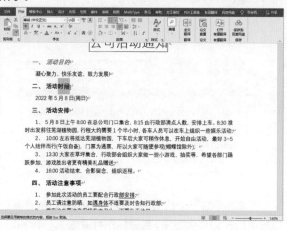

图2-27

❸此时可以看到快速应用格式后的文本效果，按照相同的操作方式依次刷取其他文本应用格式，如图2-28所示。

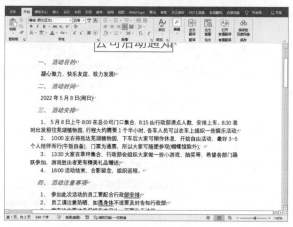

图2-28

经验之谈

如果有多处需要应用相同的格式，可以双击"格式刷"按钮，多次刷取文本应用格式；如果要退出格式刷激活状态，可以按Esc键。

2.2 选取并复制文本

设置好文本格式后，可以根据文档规划需求，选取指定文本进行复制、粘贴、移动等操作。

2.2.1 选取连续和不连续文本

无论要对文档进行何种操作，首先都需要准确选取文本，再对文本执行设置格式、复制、粘贴等操作，下面介绍连续和不连续文本的选取技巧。

扫一扫 看视频

使用鼠标选取文本是最常用也是最简单的一种方法。在选取文本时，可以根据实际需要选取连续文本，其操作很简单：将光标定位于要选取的文本的起始位置，按住鼠标左键拖至结束位置，松开鼠标即可选取需要的文本。

如果要选取的内容为多个不连续的文本区域，可以使用拖动鼠标的方法先将不连续的第1个文本区域选中，接着按住Ctrl键不放，继续使用拖动鼠标的方法选取余下的文本区域，直到最后一个区域选取完成后，松开Ctrl键，如图2-29所示。

图2-29

2.2.2 选取句、行、段落、块区域

如果希望对整句、整行、整段或块区域进行编辑，需要先将该行或段落、块区域文本选中，再进行编辑。此时，可以按以下操作快速选取。

扫一扫 看视频

如果要选中某一句，可以将光标置于首字后，再将光标移至该句末尾处，按住鼠标左键的同时按Shift键，即可快速选中该句子，如图2-30所示。

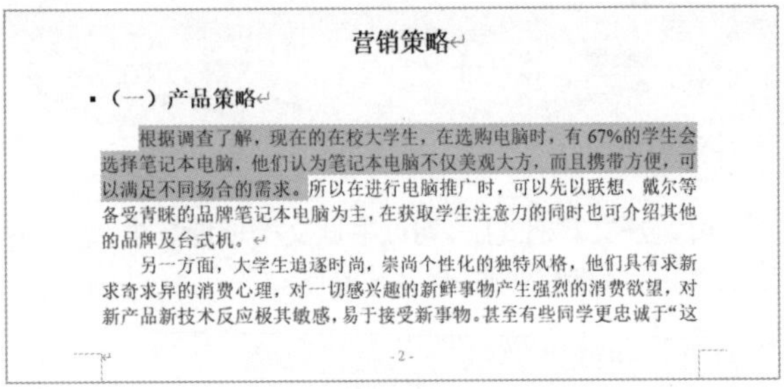

营销策略

· （一）产品策略

根据调查了解，现在的在校大学生，在选购电脑时，有67%的学生会选择笔记本电脑，他们认为笔记本电脑不仅美观大方，而且携带方便，可以满足不同场合的需求。所以在进行电脑推广时，可以先以联想、戴尔等备受青睐的品牌笔记本电脑为主，在获取学生注意力的同时也可介绍其他的品牌及台式机。

另一方面，大学生追逐时尚，崇尚个性化的独特风格，他们具有求新求奇求异的消费心理，对一切感兴趣的新鲜事物产生强烈的消费欲望，对新产品新技术反应极其敏感，易于接受新事物。甚至有些同学更忠诚于"这

图2-30

当选取的文本较长时，如选取的文本跨多页，使用鼠标选取既费时，操作又不方便，此时，可以借助Shift键实现选取。

将光标定位于起始位置，按Shift键，如图2-31所示。单击需要选取内容的结尾处，即可快速选中内容，如图2-32所示。

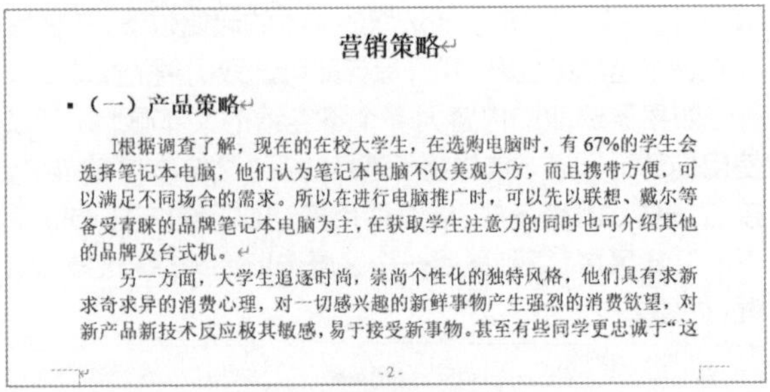

营销策略

· （一）产品策略

I根据调查了解，现在的在校大学生，在选购电脑时，有67%的学生会选择笔记本电脑，他们认为笔记本电脑不仅美观大方，而且携带方便，可以满足不同场合的需求。所以在进行电脑推广时，可以先以联想、戴尔等备受青睐的品牌笔记本电脑为主，在获取学生注意力的同时也可介绍其他的品牌及台式机。

另一方面，大学生追逐时尚，崇尚个性化的独特风格，他们具有求新求奇求异的消费心理，对一切感兴趣的新鲜事物产生强烈的消费欲望，对新产品新技术反应极其敏感，易于接受新事物。甚至有些同学更忠诚于"这

图2-31

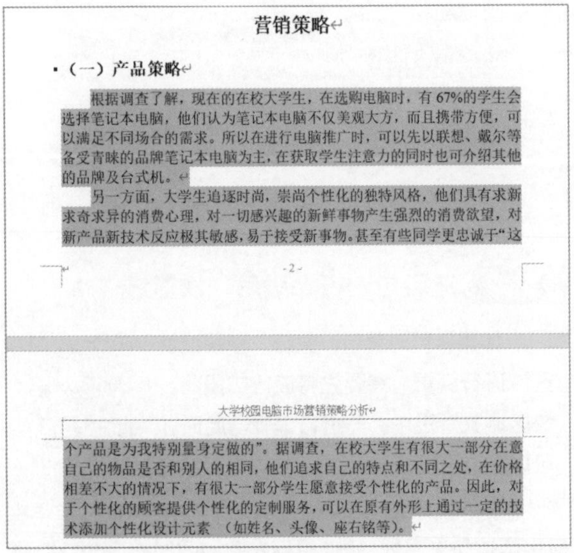

营销策略

· （一）产品策略

根据调查了解，现在的在校大学生，在选购电脑时，有67%的学生会选择笔记本电脑，他们认为笔记本电脑不仅美观大方，而且携带方便，可以满足不同场合的需求。所以在进行电脑推广时，可以先以联想、戴尔等备受青睐的品牌笔记本电脑为主，在获取学生注意力的同时也可介绍其他的品牌及台式机。

另一方面，大学生追逐时尚，崇尚个性化的独特风格，他们具有求新求奇求异的消费心理，对一切感兴趣的新鲜事物产生强烈的消费欲望，对新产品新技术反应极其敏感，易于接受新事物。甚至有些同学更忠诚于"这

大学校园电脑市场营销策略分析

个产品是为我特别量身定做的"。据调查，在大学生有很大一部分在选自己的物品是否和别人的相同，他们追求自己的特点和不同之处，在价格相差不大的情况下，有很大一部分学生愿意接受个性化的产品。因此，对于个性化的顾客提供个性化的定制服务，可以在原有外形上通过一定的技术添加个性化设计元素（如姓名、头像、座右铭等）。

图2-32

当需要选取一行文本时，将鼠标指针平行放置在要选中行的左边页边距中，当鼠标指针变成 ⇗ 形状时，单击即可选取该行，如图2-33所示。

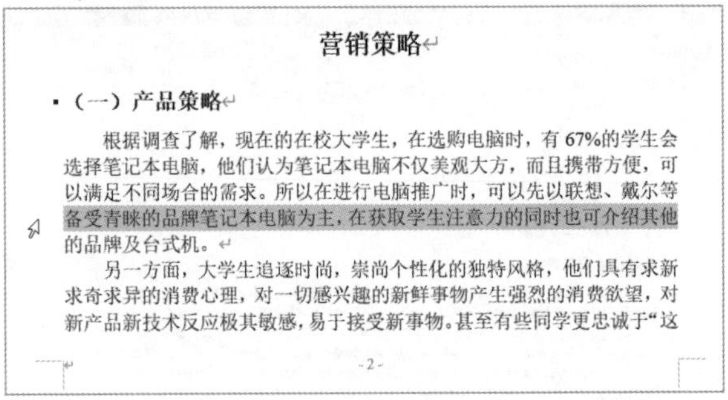

营销策略

· （一）产品策略

根据调查了解，现在的在校大学生，在选购电脑时，有67%的学生会选择笔记本电脑，他们认为笔记本电脑不仅美观大方，而且携带方便，可以满足不同场合的需求。所以在进行电脑推广时，可以先以联想、戴尔等备受青睐的品牌笔记本电脑为主，在获取学生注意力的同时也可介绍其他的品牌及台式机。

另一方面，大学生追逐时尚，崇尚个性化的独特风格，他们具有求新求奇求异的消费心理，对一切感兴趣的新鲜事物产生强烈的消费欲望，对新产品新技术反应极其敏感，易于接受新事物。甚至有些同学更忠诚于"这

图2-33

当需要选取一个段落时，将鼠标指针平行放在要选取段落的左边页边距中，当鼠标指针变成 ⇗ 形状时，双击即可选取该段落，如图2-34所示。

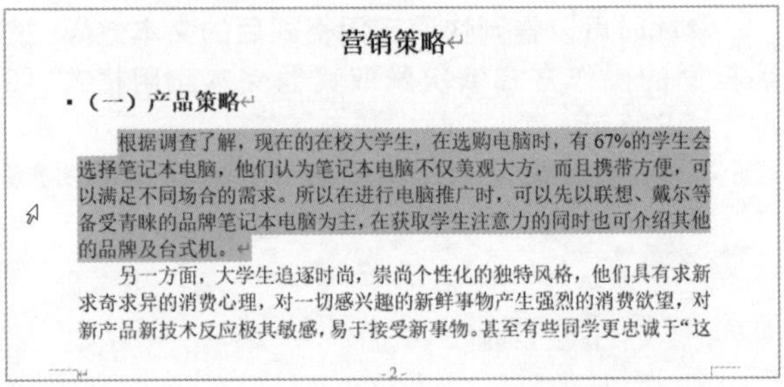

营销策略

· （一）产品策略

根据调查了解，现在的在校大学生，在选购电脑时，有67%的学生会选择笔记本电脑，他们认为笔记本电脑不仅美观大方，而且携带方便，可以满足不同场合的需求。所以在进行电脑推广时，可以先以联想、戴尔等备受青睐的品牌笔记本电脑为主，在获取学生注意力的同时也可介绍其他的品牌及台式机。

另一方面，大学生追逐时尚，崇尚个性化的独特风格，他们具有求新求奇求异的消费心理，对一切感兴趣的新鲜事物产生强烈的消费欲望，对新产品新技术反应极其敏感，易于接受新事物。甚至有些同学更忠诚于"这

图2-34

在较整齐的文档中，如果想对某一区域块进行设置，可以按以下操作将其选中。本例希望对参赛作品进行字体颜色的设置，可以先利用Alt键将其一次性选中。

按住Alt键不放，将鼠标指针指向要选取内容的起始位置，按住鼠标左键拖动进行框选，释放鼠标后即可选取块状区域文本，如图2-35所示。

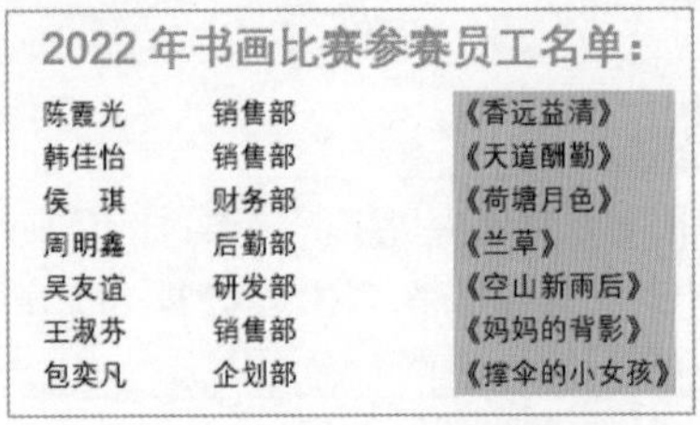

2022年书画比赛参赛员工名单：

陈霞光	销售部	《香远益清》
韩佳怡	销售部	《天道酬勤》
侯琪	财务部	《荷塘月色》
周明鑫	后勤部	《兰草》
吴友谊	研发部	《空山新雨后》
王淑芬	销售部	《妈妈的背影》
包奕凡	企划部	《撑伞的小女孩》

图2-35

2.2.3 复制文本

复制文本的方式有好几种，可以在"开始"选项卡的"剪贴板"组中单击"复制"按钮复制文本，也可以通过右键快捷菜单进行复制，但是这些方法都没有使用Ctrl键配合鼠标左键复制方便快捷。下面介绍具体的操作步骤。

扫一扫 看视频

❶选中需要复制的文本，如图2-36所示。

❸按住Ctrl键不放，拖动光标到需要复制到的位置后释放Ctrl键，效果如图2-37所示。

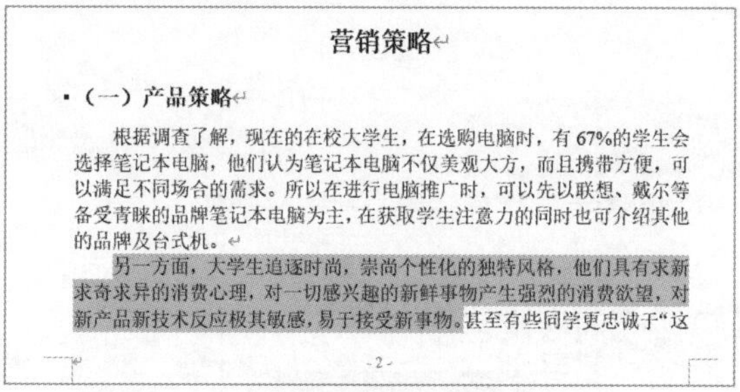

图2-36

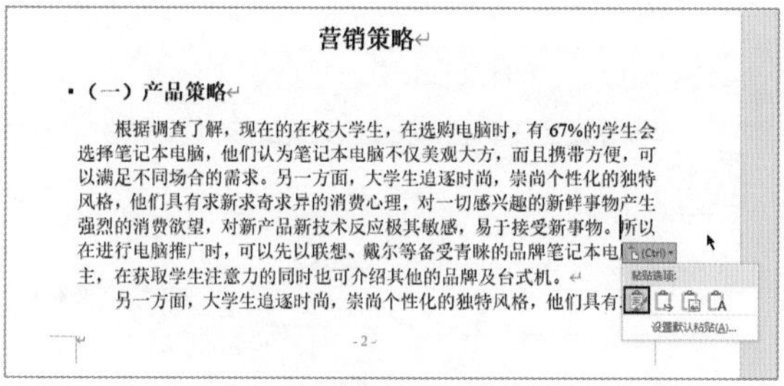

图2-37

2.2.4 移动、剪切文本

当文本在不同的页面间进行移动时，使用鼠标进行操作不仅麻烦，而且容易出错，此时可以借助F2键进行远距离复制，下面介绍具体的操作技巧。

扫一扫 看视频

>>>1. 近距离移动、剪切

选中文档中要移动的文本，单击"开始"选项卡的"剪贴板"组中的"剪切"按钮(见图2-38)，将光标置于要粘

贴的位置，按Ctrl+V组合键进行粘贴即可，如图2-39所示。

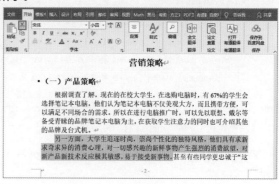

图2-38

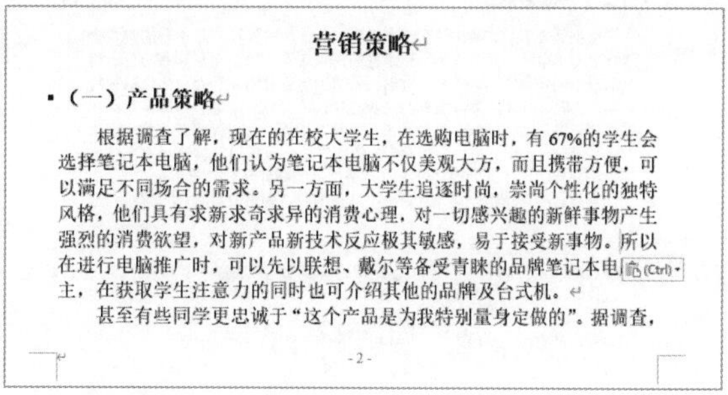

图2-39

>>>2. 远距离移动、剪切

❶选中要移动的文本，按F2键(如果要复制文本，则按Shift+F2组合键)，窗口左下角会显示"移至何处？"文本，如图2-40所示。

❷将光标定位到要移动到的位置(为方便学习与查看，本例只在本页中移动)，此时光标变为闪烁的虚线，如图2-41所示。

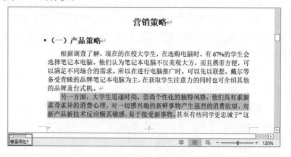

图2-40

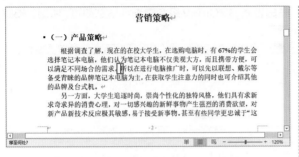

图2-41

❸按Enter键即可完成所选文本的移动，如图2-42所示。

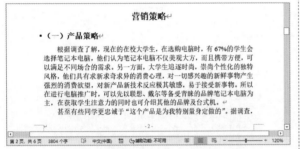

图2-42

2.2.5 "选择性粘贴"功能

扫一扫 看视频

Word中的"选择性粘贴"功能可以将对象以图片、超链接和无格式的形式粘贴到文档中。

>>>**1. 以图片形式粘贴**

对于经常使用的说明性文字或者使用较多形式呈现的文本，可以将其以图片的形式保存，之后编写文档时直接将其插入即可使用，既方便快捷，又能呈现更理想的编排效果。

❶选中需要粘贴为图片的文本区域，按Ctrl+C组合键复制文本，如图2-43所示。

❷单击"开始"选项卡的"剪贴板"组中的"粘贴"下拉按钮，在打开的下拉列表中选择"选择性粘贴"选项，打开"选择性粘贴"对话框。在"形式"列表框中选择"图片"选项，单击"确定"按钮即可，如图2-44所示。

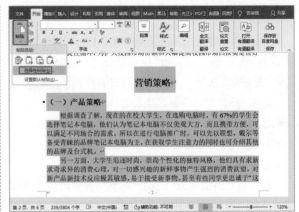

图2-43

图2-44

>>>**2. 以无格式形式粘贴**

在编写文档的过程中，难免会需要从网络上下载一些资料插入文档中。在复制文本时，默认会复制网页上的格式。此时，如果不想使用网页上的格式，为了节省编辑时间，可以通过"选择性粘贴"将文本以无格式的形式粘贴。

❶打开网页，选择需要进行复制的内容，按Ctrl+C组合键进行复制，如图2-45所示。

❷切换到Word文档中，单击"开始"选项卡的"剪贴板"组中的"粘贴"下拉按钮，在打开的下拉列表中选择"选择性粘贴"选项，打开"选择性粘贴"对话框。

❸在"形式"列表框中选择"无格式文本"选项,如图2-46所示。单击"确定"按钮即可完成复制。

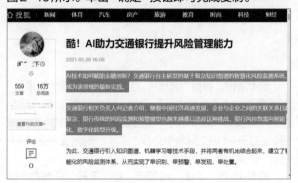

图2-45

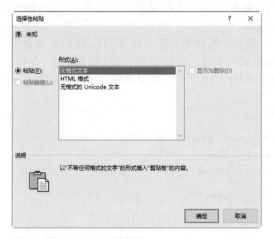

图2-46

2.3 查找与替换文本

如果要对文档中的大量字词进行查找与替换,可以使用"查找和替换"功能执行相关操作。

2.3.1 查找文本

查找文本是编辑文档时常用的实用功能,用户可以在长文档中查找任意需要的内容,实现模糊和精确查找,再对查找到的内容进一步查看或修改。

扫一扫 看视频

>>>1. 导航窗格查找

通过"导航"窗格查找不仅更加便捷,还能让查找到的内容突出显示出来。

❶勾选"视图"选项卡的"显示"组中的"导航窗格"复选框(见图2-47),即可在窗口右侧打开"导航"窗格。

❷在"搜索"框中输入需要查找的内容,如"消费市场",如图2-48所示。可以看到所有找到的文本都被突出显示了出来。

扩展 取消勾选该复选框,即可隐藏"导航"窗格,该功能通常用于显示长文档目录结构。

图2-47

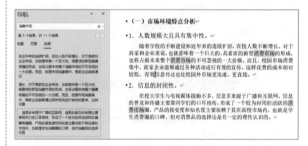

图2-48

>>>2. 通配符查找

配合使用"?"与文本的形式可以找到文档中以该文本为后缀的内容。例如,在下面的文档中要查找所有包含"市场"的文本,可以按如下步骤操作。

❶按Ctrl+H组合键打开"查找和替换"对话框。切换到"查找"选项卡,在"查找内容"文本框中输入"?市场",单击"更多"按钮,展开隐藏的菜单,勾选"使用通配符"复选框。

❷单击"阅读突出显示"下拉按钮,在打开的下拉列表中选择"全部突出显示"选项,如图2-49所示。

❸从查找结果中可以看到所有以"市场"结尾的任意单个字符都被找到了,如图2-50所示。

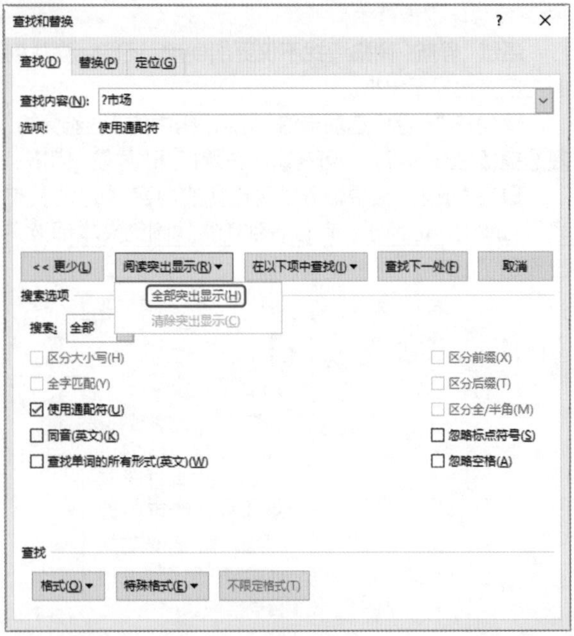

图2-49

市场分析

（一）市场环境特点分析

1. 人数规模大且具有集中性。

随着学校的不断建设和近年来的连续扩招，在校人数不断增长，对于商家和企业来说，也就意味着一个巨大的、高素质的新型消费市场的形成，也将占据未来整个消费市场的不可忽视的一大份额。而且，校园市场消费集中，商家企业能够通过各种活动进行有效的宣传，这样花费的成本相对较低，有效信息传达也比校园外市场更迅速、更直接。

2. 信息的封闭性。

在校大学生与电视媒体接触不多，信息多来源于广播和互联网，信息的普及和传播主要靠同学们的口耳相传，形成了一个较为封闭但活跃的消费市场圈，产品的接受度和知名度主要依赖于其在高校市场内，也就是学生消费圈的口碑，但对消费品的选择还是有一定的理性认识的。

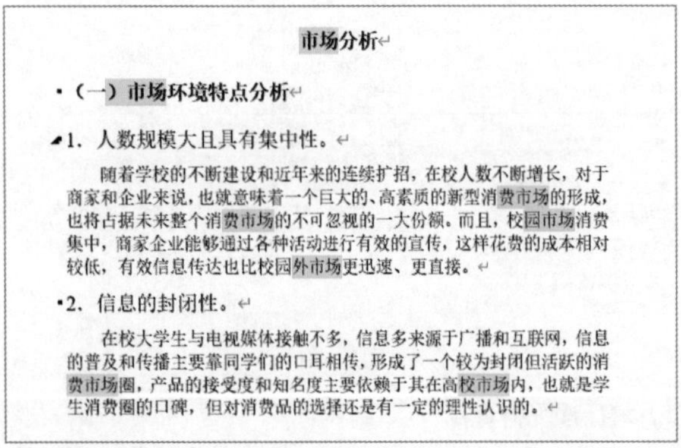

图2-50

2.3.2 替换文本

扫一扫 看视频

编辑好了一个较长的文档后，为了将某一词语突出显示，需要将这些词语全部统一设置为特殊的字体、字号或颜色等。如果逐一修改，比较浪费时间，而且容易遗漏，下面介绍通过“替换”功能一次性快速准确地修改格式的方法。

❶单击“开始”选项卡的“编辑”组中的“替换”按钮(见图2-51)，打开“查找和替换”对话框。

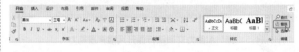

图2-51

❷切换到“替换”选项卡，在“查找内容”和“替换为”文本框中输入“消费市场”，单击“更多”按钮，将光标定位到“替换为”文本框中，单击左下角的“格式”下拉按钮，在打开的下拉列表中选择“字体”选项(见图2-52)，打开“替换字体”对话框。

❸切换到“字体”选项卡，将“字形”设置为“加粗”，“字号”设置为“四号”，“字体颜色”设置为“红色”，单击“确定”按钮(见图2-53)，返回“查找和替换”对话框。

❹在“替换为”文本框下可以看到文本替换后的格式，单击“全部替换”按钮(见图2-54)，会弹出Microsoft Word提示对话框，如图2-55所示。

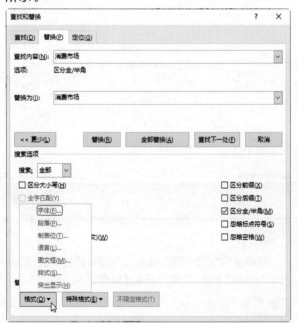

图2-52

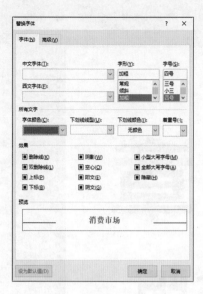

图2-53

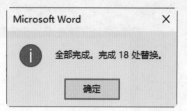

图2-55

❺单击"确定"按钮,即可统一将文档中所有的"消费市场"文字替换为指定的字体格式,如图2-56所示。

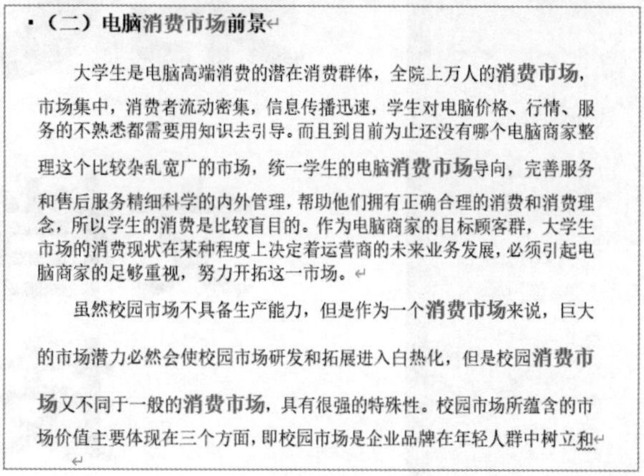

·（二）电脑消费市场前景

　　大学生是电脑高端消费的潜在消费群体,全院上万人的**消费市场**,市场集中,消费者流动密集,信息传播迅速,学生对电脑价格、行情、服务的不熟悉都需要用知识去引导。而且到目前为止还没有哪个电脑商家整理这个比较杂乱宽广的市场,统一学生的电脑**消费市场**导向,完善服务和售后服务精细科学的内外管理,帮助他们拥有正确合理的消费和消费理念,所以学生的消费是比较盲目的。作为电脑商家的目标顾客群,大学生市场的消费现状在某种程度上决定着运营商的未来业务发展,必须引起电脑商家的足够重视,努力开拓这一市场。

　　虽然校园市场不具备生产能力,但是作为一个**消费市场**来说,巨大的市场潜力必然会使校园市场研发和拓展进入白热化,但是校园**消费市场**又不同于一般的**消费市场**,具有很强的特殊性。校园市场所蕴含的市场价值主要体现在三个方面,即校园市场是企业品牌在年轻人群中树立和

图2-56

图2-54

第3章

文档排版技巧

3.1　设置段落格式

创建好文档并输入文本之后，下一步需要调整段落格式。段落格式的设置不仅可以让文档更美观，而且可以让整体看起来更有条理、更有层次。

3.1.1　设置首字下沉

为了使文档更加美观，在对其进行排版时，可以将第一段的第一个字设置成下沉的效果。

扫一扫　看视频

❶将光标定位于需要首字下沉的段落，单击"插入"选项卡的"文本"组中的"首字下沉"下拉按钮，在打开的下拉列表中选择"首字下沉选项"选项（见图3-1），打开"首字下沉"对话框。

扩展　如果对下沉参数没有具体要求，可以在列表中直接选择"下沉"或"悬挂"效果选项。

图3-1

❷在"位置"栏中单击"下沉"，在"选项"栏中设置"字体"为"黑体"，设置"下沉行数"为5、"距正文"为0.5厘米，如图3-2所示。

图3-2

❸单击"确定"按钮返回到文档中，效果如图3-3所示。

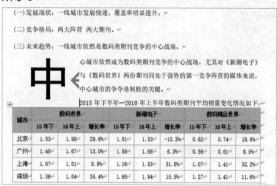

（一）发展现状：一线城市发展快速，覆盖率明显提升。

（二）竞争格局：两大阵营　两大期刊

（三）未来趋势：一线城市依然是数码类期刊竞争的中心战场。

心城市依然成为数码类期刊竞争的中心战场，尤其对《新潮电子》与《数码世界》两份期刊同处于强势的第一竞争阵营的媒体来说，中心城市的争夺是制胜的关键。

2015年下半年—2016年上半年数码类期刊平均销量变化情况如下。

城市	数码世界			新潮电子			数码精品世界		
	15年下	16年上	增长率	15年下	16年上	增长率	15年下	16年上	增长率
北京	1.53	1.98	29.6%	1.81	1.53	-15.3%	0.62	0.74	19.6%
广州	1.48	1.67	13.0%	1.58	1.68	6.3%	0.56	0.61	9.5%
上海	1.67	1.81	8.9%	1.16	1.53	31.8%	1.07	1.41	32.2%
深圳	1.36	1.84	35.4%	1.69	1.94	15.5%	1.27	1.41	11.6%

图3-3

经验之谈

如果设置了首字下沉效果，用户可以随意更改下沉文字的大小和位置。

选中设置了下沉效果的文字，当光标变为形状时，可以向左上方或右下方拖动鼠标以缩小或增大下沉文字，如图3-4所示。

选中设置了下沉效果的文字，当光标变为形状时，按住鼠标左键拖动即可移动下沉文字，如图3-5所示。

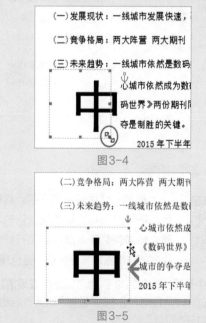

（一）发展现状：一线城市发展快速，

（二）竞争格局：两大阵营　两大期刊

（三）未来趋势：一线城市依然是数码

心城市依然成为数码世界》两份期刊同码世界》两份期刊同夺是制胜的关键。

2015年下半年

图3-4

（二）竞争格局：两大阵营　两大期刊

（三）未来趋势：一线城市依然是数

心城市依然成

《数码世界》

城市的争夺是

2015年下半年

图3-5

3.1.2 设置文本对齐方式

扫一扫 看视频

文档中输入的文本默认为左对齐，也可以为了排版需求将其更改为其他对齐方式。

选中需要更改对齐方式的文本，单击"开始"选项卡的"段落"组中的"右对齐"按钮(见图3-6)，即可更改为右对齐效果，如图3-7所示。

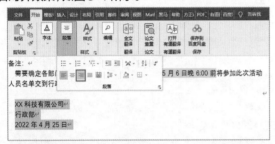

图3-6

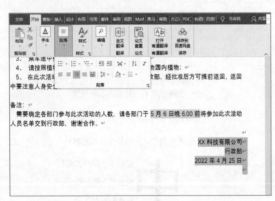

图3-7

3.1.3 设置段落、行间距

扫一扫 看视频

在 Word 中输入的文字，其行与行、段与段之间的距离是默认的，下面介绍如何重新设置段落和行间距，让文档排版看起来更美观、更合理。

❶选中要调整间距的句子(也可以是行或段落)，单击"开始"选项卡的"段落"组中的"段落"对话框启动器(见图3-8)，打开"段落"对话框。

❷在"间距"栏中可以分别设置段前、段后及行距值，如图3-9所示。

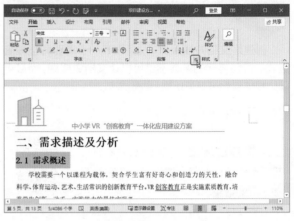

图3-8

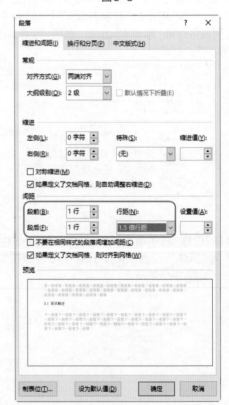

图3-9

❸单击"确定"按钮返回文档，即可得到如图3-10所示的间距效果。

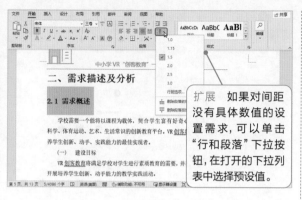

图3-10

3.1.4 设置段落分栏

文档默认是一栏效果，根据排版需求可以将全文或者指定部分的段落文字设置为两栏、三栏等任意段落分栏效果。

扫一扫 看视频

❶选中需要分栏的段落文字，单击"布局"选项卡的"页面设置"组中的"栏"下拉按钮，在打开的下拉列表中选择"更多栏"选项(见图3-11)，打开"栏"对话框。

❷首先设置预设效果为"两栏"，然后勾选"分隔线"和"栏宽相等"复选框，如图3-12所示。

❸单击"确定"按钮，即可设置添加分隔线的两栏效果，如图3-13所示。

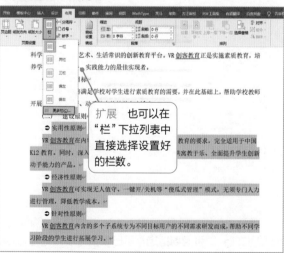

扩展 也可以在"栏"下拉列表中直接选择设置好的栏数。

图3-11

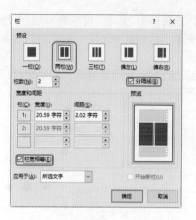

图3-12

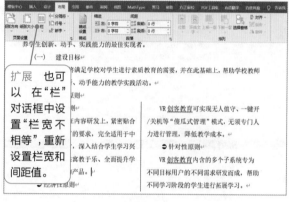

扩展 也可以在"栏"对话框中设置"栏宽不相等"，重新设置栏宽和间距值。

图3-13

3.2 项目符号和编号

为了使文档内容的条理更加清晰、更易阅读，可以为文本添加项目符号或编号。

3.2.1 设置项目符号

项目符号样式包含内置效果，也可以自定义设置特殊符号作为项目符号。

扫一扫 看视频

>>>1. 应用项目符号

❶按Ctrl键依次选中需要添加项目符号的文字，单

击"开始"选项卡的"段落"组中的"项目符号"下拉按钮，在打开的下拉列表中选择一种内置样式，如图3-14所示。

❷返回文档后，即可看到应用的指定项目符号，如图3-15所示。

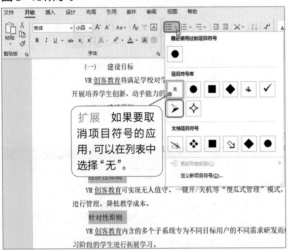

扩展　如果要取消项目符号的应用，可以在列表中选择"无"。

图3-14

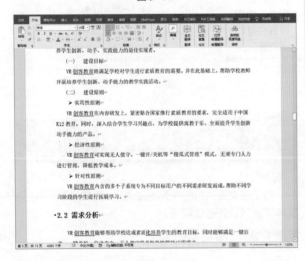

图3-15

>>>2. 自定义项目符号

❶按Ctrl键依次选中需要添加项目符号的文字，单击"开始"选项卡的"段落"组中的"项目符号"下拉按钮，在打开的下拉列表中选择"定义新项目符号"选项（见图3-16），打开"定义新项目符号"对话框。

❷单击"符号"按钮（见图3-17），打开"符号"对话框。

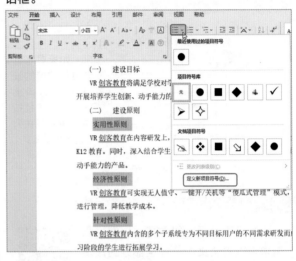

图3-16

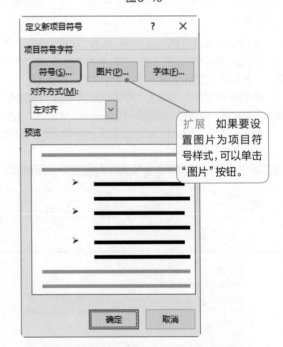

扩展　如果要设置图片为项目符号样式，可以单击"图片"按钮。

图3-17

❸选中需要的符号（见图3-18），依次单击"确定"按钮返回文档，即可看到指定符号已设置为项目符号，效果如图3-19所示。

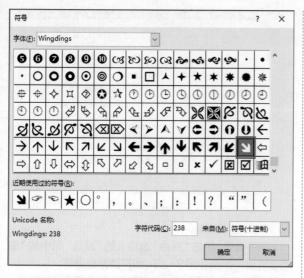

图3-18

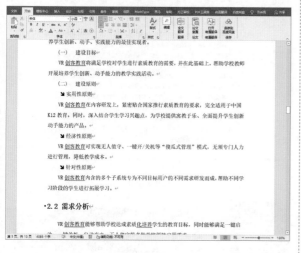

图3-19

3.2.2 设置编号

编号样式包含内置效果，也可以自定义设置编号样式。

扫一扫 看视频

>>>1. 应用编号

❶选中需要添加编号的文字，单击"开始"选项卡的"段落"组中的"编号"下拉按钮，在打开的下拉列表中选择一种内置样式，如图3-20所示。

❷返回文档后，即可看到应用的指定编号，如图3-21所示。

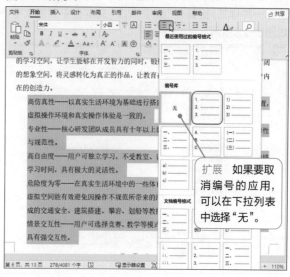

> 扩展 如果要取消编号的应用，可以在下拉列表中选择"无"。

图3-20

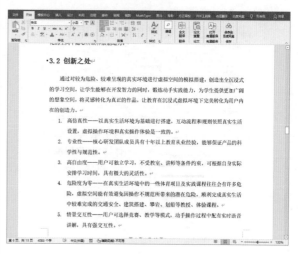

图3-21

31

>>>2. 自定义编号

❶选中需要添加编号的文字，单击"开始"选项卡的"段落"组中的"编号"下拉按钮，在打开的下拉列表中选择"定义新编号格式"选项(见图3-22)，打开"定义新编号格式"对话框。

❷单击"编号样式"下拉按钮，在打开的下拉列表中选择一种样式，接着在"编号格式"文本框中添加文字，如图3-23所示。

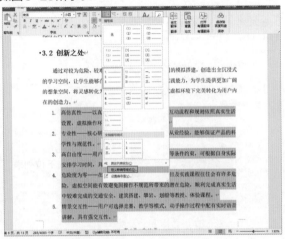

图3-22

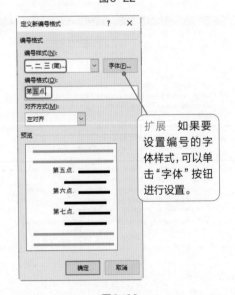

图3-23

❸单击"确定"按钮返回文档，即可得到如图3-24所示的自定义编号效果。

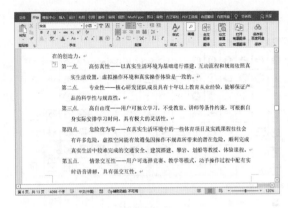

图3-24

>>>3. 调整缩进量

选中编号，单击"开始"选项卡的"段落"组中的"增加缩进量"按钮(见图3-25)，即可调整缩进量。

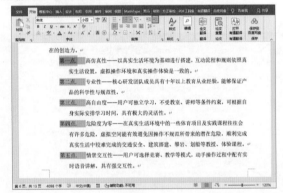

图3-25

3.3 设置图文混排

文字是一篇文档中最重要的元素，为了美化并对文字进行说明，也可以添加图片、形状、文本框、SmartArt图形及表格等元素，让文档整体更加生动形象。

3.3.1 插入图片并初步调整

扫一扫 看视频

图片是修饰文档最常用的元素，用户可以将符合当前文档主题的图片添加到指定位置，并进行调整，使其能更自然地融入文档。

❶打开文档,将光标置于要插入图片处,单击"插入"选项卡的"插图"组中的"图片"下拉按钮,在打开的下拉列表中选择"图片"选项(见图3-26),打开"插入图片"对话框。

❷找到图片所在的位置并单击,如图3-27所示。

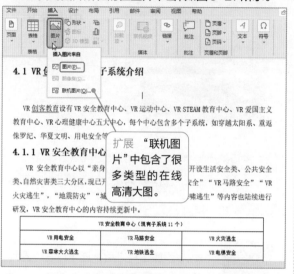

> 扩展 "联机图片"中包含了很多类型的在线高清大图。

图3-26

图3-27

❸单击"插入"按钮即可在指定位置添加图片,如图3-28所示。选中图片后,可以通过四周的黑色控制点调整图片的尺寸,如图3-29所示。

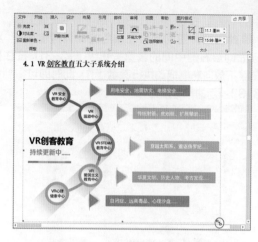

图3-28

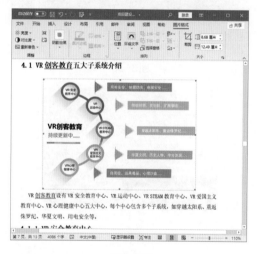

图3-29

经验之谈

插入图片后即可激活"图片格式"选项卡,用户可以在该选项卡中调整图片格式,包括色彩、重新着色、外观轮廓样式等。

3.3.2 裁剪修整图片

添加图片之后,可以直接在Word中使用"裁剪"工具将不需要的部分裁剪掉,只保留图片中有用的部分。

扫一扫 看视频

❶选中图片后,单击"图片格式"选项卡的"大小"

组中的"裁剪"按钮(见图3-30)，即可激活裁剪工具。

❷此时图片四周会出现黑色的裁剪控制按钮，将光标靠向最右侧中间的裁剪按钮(见图3-31)，按住鼠标左键不放向左侧拖动执行裁剪操作，此时即可得到如图3-32所示的裁剪预览状态。

图3-30

图3-31

图3-32

❸在任意空白处单击退出裁剪功能，即可得到如图3-33所示的图片裁剪后的效果。

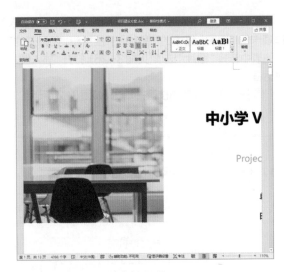

图3-33

3.3.3 设置图片样式

扫一扫 看视频

添加图片之后，还可以在"图片格式"选项卡中为图片调整色彩、对比度及边框样式。

>>>**1. 调整对比度**

选中图片，单击"图片格式"选项卡的"调整"组中的"对比度"下拉按钮，在打开的下拉列表中选择对比度值，如图3-34所示。

图3-34

>>>**2. 调整边框**

❶选中图片，单击"图片格式"选项卡的"边框"组中的"图片边框"下拉按钮，在打开的下拉列表中选择一

种颜色，如图3-35所示。

❷继续在"粗细"下拉列表中设置粗细值为"3磅"（见图3-36），最后在"虚线"下拉列表中选择一种虚线样式，如图3-37所示。

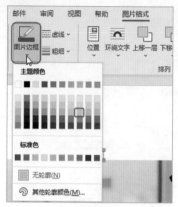

图3-35

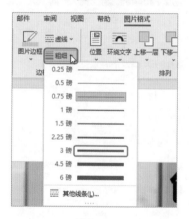

图3-36

图3-37

❸返回文档后，即可看到应用的虚线边框效果，如图3-38所示。

图3-38

3.3.4　多图片应用"图片版式"快速排版

在文档中插入的图片默认为嵌入型，为了能够调整多张图片的位置并排版，可以设置文字环绕效果为"四周型"。

扫一扫　看视频

❶选中图片，单击"图片格式"选项卡的"排列"组中的"环绕文字"下拉按钮，在打开的下拉列表中选择"四周型"选项，如图3-39所示。

❷此时通过拖动鼠标左键的方式即可实现对图片的移动，如图3-40所示。

图3-39

图3-40

❸依次设置其他图片为"四周型"，调整其排版位置，最终效果如图3-41所示。

图3-41

3.3.5 图片与文档的混排设置

扫一扫 看视频

在文档中插入的图片默认为嵌入型，为了使文字和图片更好地融合，在文档中使用图片时，通常将图文设置为文字环绕图片显示的效果。

选中图片，单击"图片格式"选项卡的"排列"组中的"位置"下拉按钮，在打开的下拉列表中选择"中间居右，四周型文字环绕"选项，如图3-42所示，即可得到如图3-43所示的文字环绕图片的效果。

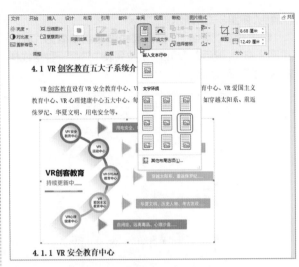

图3-42

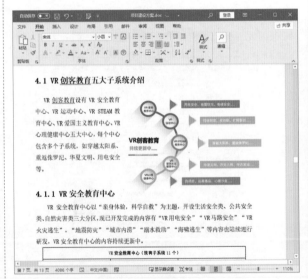

图3-43

3.3.6 插入图形并添加文字

扫一扫 看视频

编辑好文档之后，在相应位置插入图形并添加文字进行补充说明，也可以起到修饰文档的作用。

❶打开文档，单击"插入"选项卡的"插图"组中的

"形状"下拉按钮,在打开的下拉列表中选择一种图形,如图3-44所示。

❷在文档中拖动鼠标绘制一个大小合适的图形,释放鼠标即可完成图形的添加。将光标置于图形内直接输入文字,如图3-45所示。

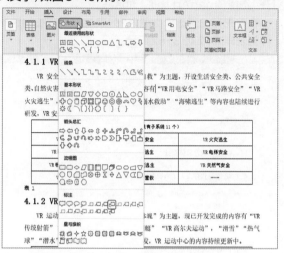

图3-44

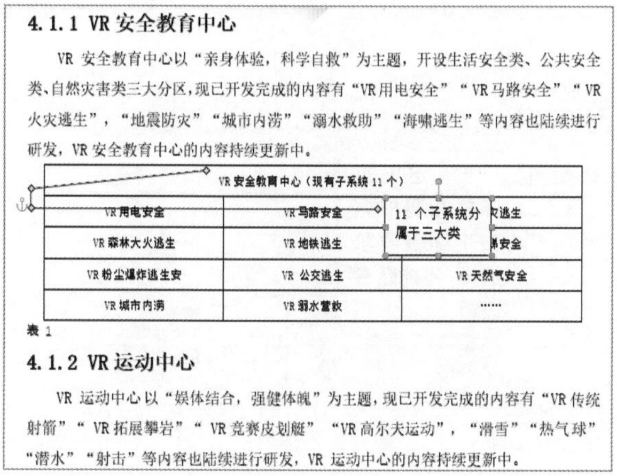

4.1.1 VR 安全教育中心

VR 安全教育中心以"亲身体验,科学自救"为主题,开设生活安全类、公共安全类、自然灾害类三大分区,现已开发完成的内容有"VR用电安全""VR马路安全""VR火灾逃生""地震防灾""城市内涝""溺水救助""海啸逃生"等内容也陆续进行研发,VR 安全教育中心的内容持续更新中。

VR 安全教育中心(现有子系统 11 个)		
VR 用电安全	VR 马路安全	
VR 森林大火逃生	VR 地铁逃生	11 个子系统分属于三大类
VR 粉尘爆炸逃生安	VR 公交逃生	VR 天然气安全
VR 城市内涝	VR 溺水窒枚	……

表 1

4.1.2 VR 运动中心

VR 运动中心以"娱体结合,强健体魄"为主题,现已开发完成的内容有"VR 传统射箭""VR 拓展攀岩""VR 竞赛皮划艇""VR 高尔夫运动","滑雪""热气球""潜水""射击"等内容也陆续进行研发,VR 运动中心的内容持续更新中。

图3-45

3.3.7 ▸ 设置形状样式

插入形状之后,其内部填充和外部轮廓效果都是默认的,下面介绍如何一键快速应用形状样式。

扫一扫 看视频

❶按Ctrl键依次单击选中多个图形,单击"形状格式"选项卡的"形状样式"组中的"其他"下拉按钮(见图3-46),在打开的形状样式列表中选择一种样式,如图3-47所示。

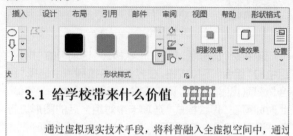

3.1 给学校带来什么价值

通过虚拟现实技术手段,将科普融入全虚拟空间中,通过子传授基础教育知识点,能够帮助孩子更加快速、深刻地记忆以真实的动手操作代替传统讲解,动手过程中系统实时语音提化的空间中随心所欲释放创造力。

图3-46

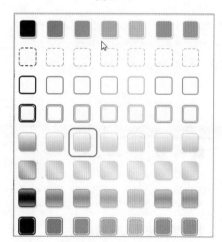

图3-47

❷单击后即可美化形状样式(包括渐变填充外部轮廓效果),如图3-48所示。

3.1 给学校带来什么价值

通过虚拟现实技术手段,将科普融入全虚拟空间中,通过沉浸式虚拟子传授基础教育知识点,能够帮助孩子更加快速、深刻地记忆新知识,提以真实的动手操作代替传统讲解,动手过程中系统实时语音提醒,让孩子化的空间中随心所欲释放创造力。

图3-48

3.3.8 组合图形的应用

扫一扫 看视频

在文档中创建了多个图形之后，将其组合成一个整体，即可快速为组合后的图形设置形状样式，执行复制、移动等操作。

选中多个图形后，单击"形状格式"选项卡的"排列"组中的"组合"下拉按钮，在打开的下拉列表中选择"组合"选项(见图3-49)，即可将多个图形组合为一个整体。此时即可在"形状格式"选项卡中对组合后的图形进行整体设置，如图3-50所示。

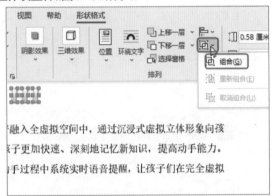

图3-49

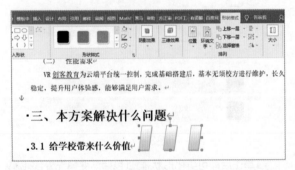

图3-50

3.3.9 插入 SmartArt 图形

扫一扫 看视频

SmartArt 图形是 Office 2021已布局好的图形，利用这种图形可以很好地表达一定的逻辑关系，同时也让版面的排版效果更加丰富，对文档

编辑起到辅助作用，下面介绍插入 SmartArt 图形的方法。

❶将光标置于要放置SmartArt 图形位置，单击"插入"选项卡的"插图"组中的SmartArt按钮(见图3-51)，打开"选择SmartArt 图形"对话框。

❷首先在左侧选择类型为"列表"，然后在右侧选择一种列表样式，如图3-52所示。

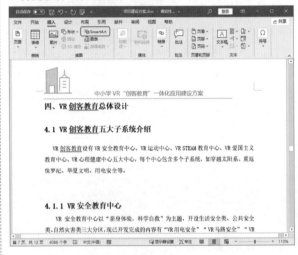

图3-51

注意 这里的样式需要根据文字编辑要求选择，不能随意设置。

图3-52

❸单击"确定"按钮返回文档，即可得到如图3-53所示的SmartArt图形。

❹依次单击每个图形并输入相应文字，如图3-54所示。

图3-53

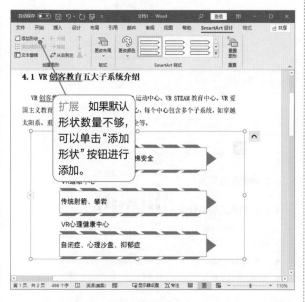

> 扩展 如果默认形状数量不够，可以单击"添加形状"按钮进行添加。

图3-54

3.3.10 设置 SmartArt 图形的样式

创建好 SmartArt 图形并输入文本之后，下一步需要对其颜色和样式进行设置，可以直接套用系统内置颜色和样式，也可以自定义设置图形样式。

扫一扫 看视频

>>>1. 套用图形样式

❶选中SmartArt 图形，单击"SmartArt设计"选项卡的"SmartArt样式"组中的"更改颜色"下拉按钮，在打开的下拉列表中选择一种色彩应用，如图3-55所示。

❷继续在"SmartArt样式"组中单击样式列表，并选择一种样式，如图3-56所示。

图3-55

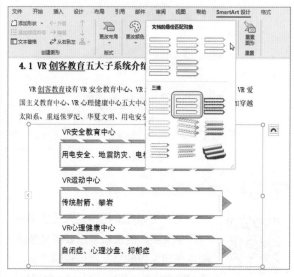

图3-56

>>>2. 自定义图形样式

❶选中SmartArt图形，单击"格式"选项卡的"形状样式"组中的"形状样式"下拉按钮，在打开的下拉列表中选择一种内置样式，如图3-57所示。

❷此时即可得到如图3-58所示的图形样式。

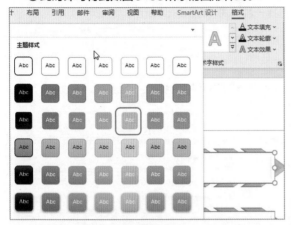

图3-57

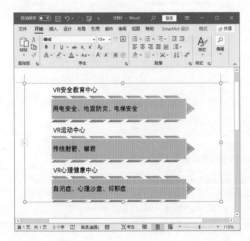

图3-58

3.3.11 在文档中应用文本框

扫一扫 看视频

虽然可以在文档中插入任意图形并添加文字，但是如果想要在文档页面中使用大段的文字修饰说明内容，添加文本框并设置格式是比较快捷的。

❶单击"插入"选项卡的"文本"组中的"文本框"

下拉按钮，在打开的下拉列表中选择"绘制横排文本框"选项（见图3-59），即可绘制默认格式的文本框。

❷拖动鼠标绘制一个文本框后，选中文本框，单击"文本框"选项卡的"文本框样式"组中的"形状轮廓"下拉按钮，在打开的下拉列表中为其设置颜色，如图3-60所示。

图3-59

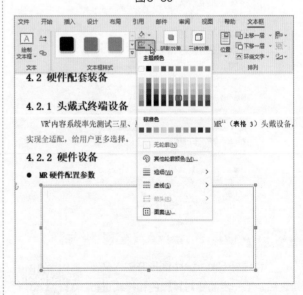

图3-60

❸继续在文本框内输入文本，效果如图3-61所示。

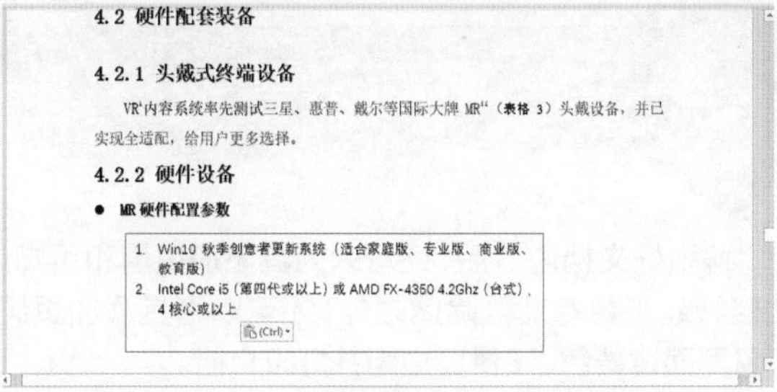

图3-63

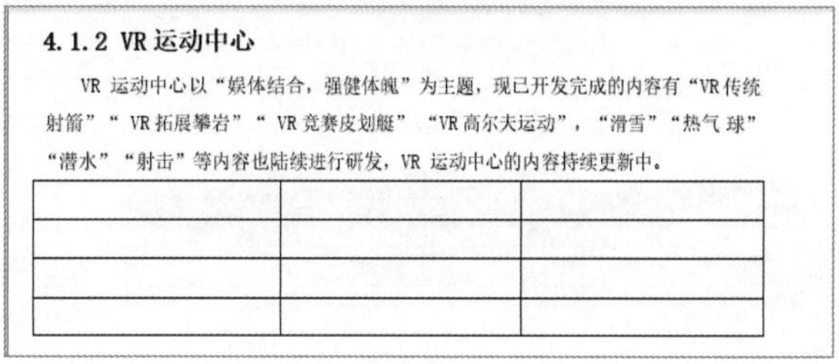

4.1.2 VR 运动中心

VR 运动中心以"娱体结合，强健体魄"为主题，现已开发完成的内容有"VR传统射箭""VR拓展攀岩""VR竞赛皮划艇""VR高尔夫运动"，"滑雪""热气球""潜水""射击"等内容也陆续进行研发，VR 运动中心的内容持续更新中。

图3-64

图3-65

图3-61

3.3.12 在文档中应用表格

除了前面介绍的图片、图形等元素外，还可以在文档中插入表格，将各种文字和数据汇总成表格，让数据表达更加专业、更加直观。

扫一扫 看视频

>>>1. 直接创建表格

❶ 将光标置于要插入表格的位置，单击"插入"选项卡的"表格"组中的"表格"下拉按钮，在打开的下拉列表中选择"插入表格"选项(见图3-62)，打开"插入表格"对话框。

❷ 分别设置列数和行数，如图3-63所示。

❸ 单击"确定"按钮返回文档，即可看到创建好的四行三列的表格，如图3-64所示。

❹ 依次在单元格内输入文字，选中第一行中的三个单元格，单击"布局"选项卡的"合并"组中的"合并单元格"按钮(见图3-65)，即可将其合并为一个单元格，接着将其他需要合并的单元格进行合并，效果如图3-66所示。

扩展 也可以通过在"插入表格"栏下通过拖动鼠标的方式决定表格的行列。

图3-62

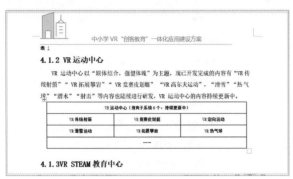

图3-66

>>>2. 复制Excel表格

❶打开Excel工作簿，选中要使用的表格数据区域，按Ctrl+C组合键进行复制，如图3-67所示。

图3-67

❷切换至Word文档，将光标定位在需要插入表格的位置，按Ctrl+V组合键即可粘贴表格内容，效果如图3-68所示。

图3-68

3.4 文档页面设置及打印

编辑好文档内容后，还可以为其添加页眉和页脚让文档看起来更专业。除此之外，还可以为其添加页码、设置页面背景色、设置页边距并打印文档。

3.4.1 添加页眉和页脚

扫一扫 看视频

为文档添加页眉和页脚，可以展示文档主题、添加文档相关信息，如公司 Logo 图片、宣传标语、日期和页码等。

>>>1. 添加页眉

❶在文档中双击页眉和页脚的位置即可快速进入页眉页脚编辑状态，如图3-69所示。

❷在页眉中输入文本，并在"开始"选项卡的"字体"组中分别设置字体格式、字号、字形等，如图3-70所示。

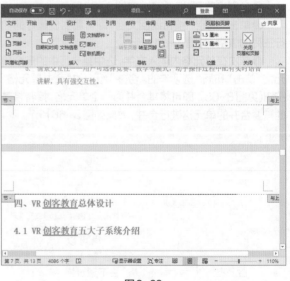

图3-69

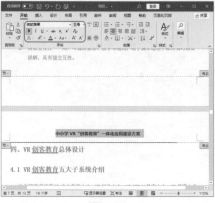

图 3-70

>>>2. 添加页脚

❶将光标置于页脚位置,单击"页眉和页脚"选项卡的"插入"组中的"图片"按钮(见图3-71),打开"插入图片"对话框。

❷选择需要插入的图片,如图3-72所示。

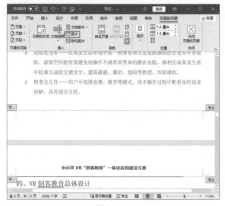

图 3-71

图 3-72

❸单击"插入"按钮返回文档,即可看到插入的图片,然后可以调整其位置和大小,效果如图3-73所示。

图 3-73

3.4.2 添加页码

如果文档较长,可以在页脚或页边距处添加页码。

扫一扫 看视频

❶打开文档,单击"页眉和页脚"选项卡的"页眉和页脚"组中的"页码"下拉按钮,在打开的下拉列表中选择"当前位置"子列表中的"颚化符"样式,如图3-74所示。

❷返回文档后,即可看到添加的页码,如图3-75所示。

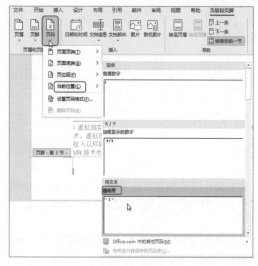

图 3-74

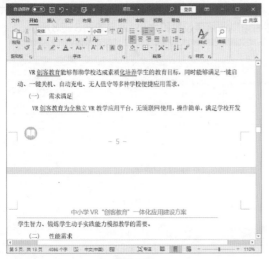

图3-75

3.4.3 应用背景色

扫一扫 看视频

文档的默认背景色为纯白色，用户可以为页面定制纯色、渐变色、纹理、图案及图片填充效果。

❶打开文档，单击"设计"选项卡的"页面背景"组中的"页面颜色"下拉按钮，在打开的下拉列表中选择一种颜色，如图3-76所示。

图3-76

❷如果要设置图案填充效果，可以选择"页面颜色"下拉列表中的"填充效果"选项，打开"填充效果"对话框。

❸切换至"图案"选项卡，设置图案样式并更改图案的背景色和前景色，如图3-77所示。

❹单击"确定"按钮返回文档，即可看到指定样式的

图案背景效果，如图3-78所示。

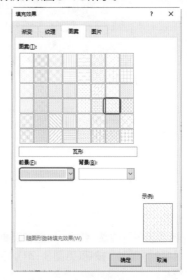

图3-77

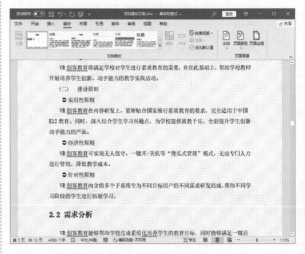

图3-78

3.4.4 设置页边距

扫一扫 看视频

文档的页边距即页面距离顶部、底部及左右部位的距离，如果要重新设置文档页边距，可以通过"页面设置"对话框自定义页边距数值。

❶打开文档，单击"布局"选项卡的"页面设置"组

中的"页边距"下拉按钮,在打开的下拉列表中选择"自定义页边距"选项(见图3-79),打开"页面设置"对话框。

❷ 在"页边距"栏中可以分别设置"上""下""左""右"边距的数值,如图3-80所示。

图3-79

图3-80

3.4.5 打印文档

编辑好文档并调整好排版结构之后,如果需要将文档打印出来,就需要设置纸张方向、打印份数、打印页码等打印参数。

扫一扫 看视频

打开文档,单击"文件"选项卡(见图3-81),打开"文件"界面后,选择"打印"选项进入打印界面。在中间可以设置各项打印参数,右侧可以预览打印效果,如图3-82所示。

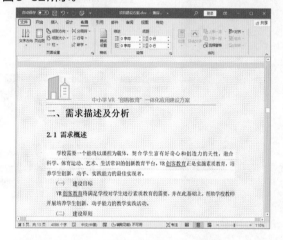

图3-81

图3-82

第4章

表格及单元格操作技巧

4.1 操作工作表

创建工作簿之后,可以对其中的工作表执行各种操作,如插入新的工作表、重命名工作表、删除不需要的工作表、移动和复制工作表,以及加密保护工作表及其数据内容等。

4.1.1 插入新工作表

在 Excel 中创建新工作簿之后,默认只有一张工作表 Sheet1,下面介绍如何新建或插入新工作表。

扫一扫 看视频

❶打开工作表,单击下方的"新工作表"按钮(见图4-1),即可新建工作表,并自动命名为Sheet2,如图4-2所示。

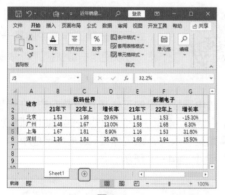

图4-1

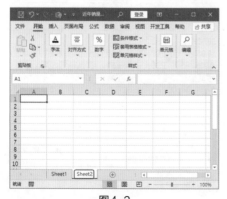

图4-2

❷选中工作表标签并右击,在弹出的快捷菜单中选择"插入"命令(见图4-3),打开"插入"对话框。

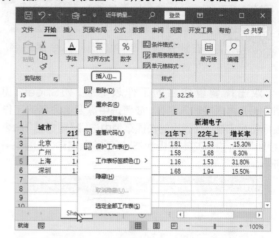

图4-3

❸单击"工作表"图标,如图4-4所示。

图4-4

❹单击"确定"按钮返回工作表,即可在指定的工作表后插入新工作表,如图4-5所示。

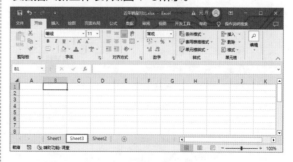

图4-5

4.1.2 重命名工作表

工作表的默认名称为Sheet1，用户可以通过双击工作表标签或者右键快捷菜单中的相应命令重命名工作表。

双击需要重命名的工作表标签，如Sheet1(见图4-6)，再直接输入名称；或者选中需要重命名的工作表标签后右击，在弹出的快捷菜单中选择"重命名"命令(见图4-7)，进入文本编辑状态，重新输入名称，如图4-8所示。

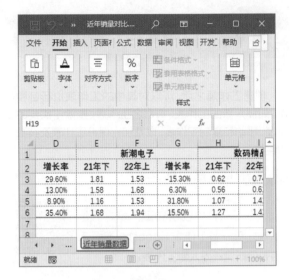

图4-8

4.1.3 删除工作表

如果要删除工作簿中的某一张工作表，可以使用右键快捷菜单命令。

❶选中需要删除的工作表标签并右击，在弹出的快捷菜单中选择"删除"命令(见图4-9)，弹出删除提示框。
❷如果要永久删除工作表，单击提示框中的"删除"按钮即可，如图4-10所示。

图4-6

图4-7

图4-9

图4-10

经验之谈

如果要一次性删除多张工作表,可以按Ctrl键依次单击多张工作表标签,然后右击,在弹出的快捷菜单中选择"删除"命令,如图4-11所示。

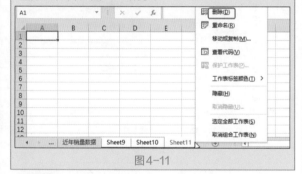

图4-11

4.1.4 移动工作表

使用移动功能可以实现同工作簿或跨工作簿之间的工作表的移动。

扫一扫 看视频

❶选中要移动的工作表标签并按住鼠标左键向需要移动的方向拖动(见图4-12),拖动至合适位置后释放鼠标左键,即可完成移动,如图4-13所示。

❷选中工作表标签并右击,在弹出的快捷菜单中选择"移动或复制"命令(见图4-14),打开"移动或复制工作表"对话框。

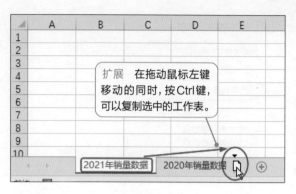

扩展 在拖动鼠标左键移动的同时,按Ctrl键,可以复制选中的工作表。

图4-12

图4-13

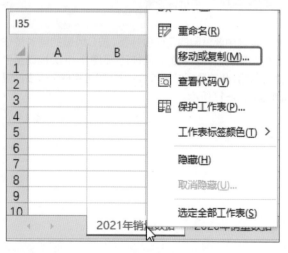

图4-14

❸在"下列选定工作表之前"列表中选择要移动到的位置,如图4-15所示。

第2篇 Excel篇

图4-15

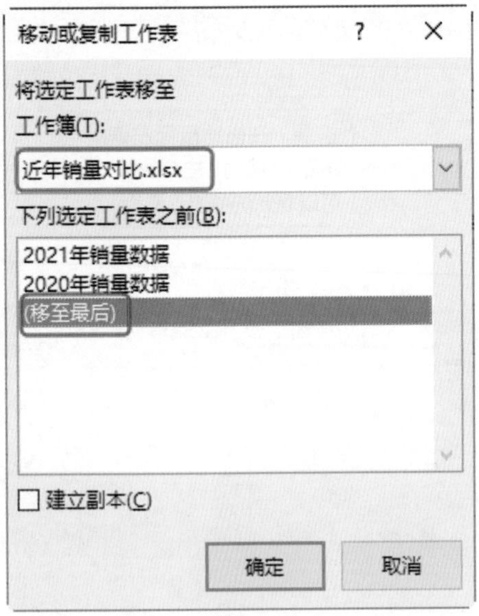

❹单击"确定"按钮即可完成工作表的移动。

4.1.5 复制工作表

复制工作表需要配合 Ctrl 键，也可以打开"移动或复制工作表"对话框进行设置。

扫一扫 看视频

❶选中要复制的工作表标签，按Ctrl键的同时按住鼠标左键向需要复制的方向拖动(见图4-16)，拖动至合适位置后，释放鼠标左键和Ctrl键，即可完成工作表的复制，如图4-17所示。

图4-16

图4-17

❷选中工作表标签并右击，在弹出的快捷菜单中选择"移动或复制"命令(见图4-18)，打开"移动或复制工作表"对话框。

❸勾选"建立副本"对话框，在"下列选定工作表之前"列表中选择要复制到的位置，如图4-19所示。

图4-18

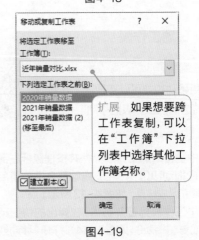

图4-19

❹单击"确定"按钮即可完成工作表的复制。

4.1.6 工作表加密

为了保护工作表中的数据不被他人查看并篡改，可以为指定工作表添加密码保护。

扫一扫 看视频

❶打开要加密的工作表，单击"审阅"选项卡的"保护"组中的"保护工作表"按钮(见图4-20)，打开"保护工作表"对话框，如图4-21所示。

❷设置保护密码后单击"确定"按钮会弹出"确认密码"对话框。

❸再次输入密码，如图4-22所示。

图4-20

图4-21

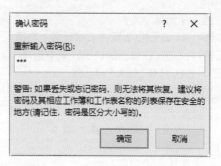

图4-22

❹单击"确定"按钮，即可为工作表加密。

经验之谈

如果要取消对工作表的加密，可以单击"审阅"选项卡的"保护"组中的"撤销工作表保护"按钮(见图4-23)，在打开的"撤销工作表保护"对话框中输入密码即可取消对工作表的加密。

图4-23

4.2 操作单元格

创建表格之后，还需要对单元格执行一系列操作，如根据表格框架设计需求插入或删除单元格、对单元格执行合并拆分，以及修改单元格的行高、列宽等。

4.2.1 插入与删除单元格

后期为了调整工作表中单元格的结构和框架，可以在任意位置插入和删除指定单元格。

扫一扫 看视频

>>>1. 插入单元格

❶选中A4单元格(需要在该单元格上方插入一个空白单元格)并右击，在弹出的快捷菜单中选择"插入"命令(见图4-24)，打开"插入"对话框。

图4-24

❷选中"活动单元格下移"单选按钮，如图4-25所示。

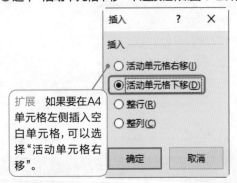

图4-25

❸单击"确定"按钮即可完成新单元格的插入，如图4-26所示。

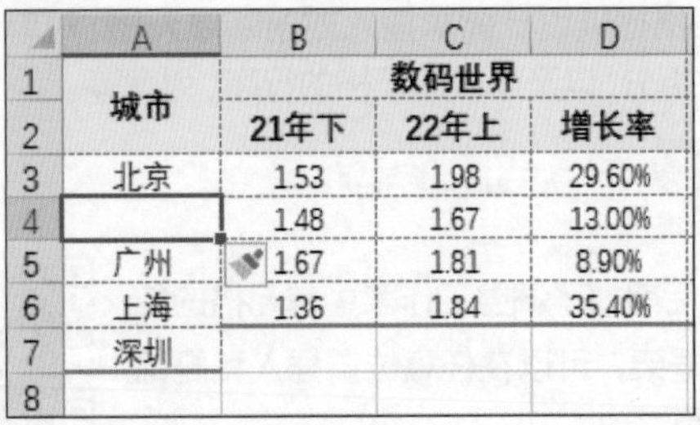

图4-26

>>>2. 删除单元格

❶选中A4单元格并右击，在弹出的快捷菜单中选择"删除"命令(见图4-27)，打开"删除"对话框。

图4-27

❷选中"下方单元格上移"单选按钮，如图4-28所示。
❸单击"确定"按钮即可删除空白单元格，如图4-29所示。

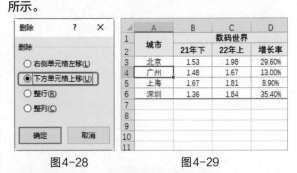

图4-28   图4-29

4.2.2 插入行和列

扫一扫 看视频

如果在规划好表格后需要插入新行和新列来添加新数据，可以使用右键快捷菜单选择插入单行单列或多行多列。

❶选中B列的列标并右击，在弹出的快捷菜单中选择"插入"命令(见图4-30)，即可在B列左侧插入新列，如图4-31所示。
❷如果要插入新行，可以选中第3行的行标并右击，在弹出的快捷菜单中选择"插入"命令(见图4-32)，即可在第3行上方插入新行，如图4-33所示。

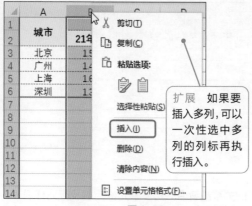

图4-30

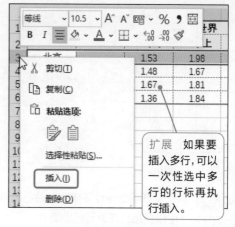

图4-32

	A	B	C	D
1	城市			数码世界
2			21年下	22年上
3	北京		1.53	1.98
4	广州		1.48	1.67
5	上海		1.67	1.81
6	深圳		1.36	1.84
7				
8				
9				
10				
11				
12				

图4-31

	A	B	C	D	
1	城市			数码世界	
2			21年下	22年上	增
3					
4	北京		1.53	1.98	2
5	广州		1.48	1.67	1
6	上海		1.67	1.81	8
7	深圳		1.36	1.84	3
8					
9					

图4-33

经验之谈

如果要一次性插入多个不连续的行或列，可以按Ctrl键的同时依次选中不连续的多行或多列并右击，在弹出的快捷菜单中选择"插入"命令（见图4-34），即可一次性插入多个不连续的行或列，如图4-35所示。

	A	B	C	D	E	F	G	H	
1	城市	数码世界			新潮电子				
2		21年下	22年上	增长率	21年下	22年上	增长率	21年下	
3	北京	1.53	1.98	29.60%	1.81	1.53	-15.30%	0.62	
4	广州	1.48	1.67	13.00%	1.58	1.68	6.30%	0.56	
5	上海	1.67	1.81	8.90%	1.16	1.53	31.80%	1.07	
6	深圳	1.36	1.84	35.40%	1.68	1.94	15.50%	1.27	

图4-34

Word+Excel+PPT+思维导图+PS+钉钉+甘特图+电脑加速：
职场办公视频教程8合1

城市	数码世界							新潮电子				新
	21年下	22年上	增长率					21年下	22年上	增长率		21年下
北京	1.53	1.98	29.60%					1.81	1.53	-15.30%		0.62
广州	1.48	1.67	13.00%					1.58	1.68	6.30%		0.56
上海	1.67	1.81	8.90%					1.16	1.53	31.80%		1.07
深圳	1.36	1.84	35.40%					1.68	1.94	15.50%		1.27

图4-35

4.2.3 合并单元格

扫一扫 看视频

在规划设计表格框架时，如果需要表达一对多的关系或者合并跨多单元格标题及行列标识，可以使用合并单元格功能。

❶按Ctrl键依次选中多处连续和不连续的需要合并的单元格，单击"开始"选项卡的"对齐方式"组中的"合并后居中"按钮，如图4-36所示。

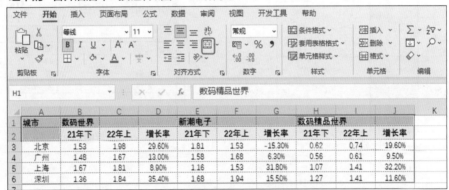

图4-36

❷单击后即可快速将多处单元格依次合并到一起，并将其内的文本居中对齐显示，效果如图4-37所示。

城市	数码世界			新潮电子			数码精品世界		
	21年下	22年上	增长率	21年下	22年上	增长率	21年下	22年上	增长率
北京	1.53	1.98	29.60%	1.81	1.53	-15.30%	0.62	0.74	19.60%
广州	1.48	1.67	13.00%	1.58	1.68	6.30%	0.56	0.61	9.50%
上海	1.67	1.81	8.90%	1.16	1.53	31.80%	1.07	1.41	32.20%
深圳	1.36	1.84	35.40%	1.68	1.94	15.50%	1.27	1.41	11.60%

图4-37

经验之谈

"合并后居中"按钮相当于合并拆分单元格的"启动"和"关闭"按钮，如果要恢复单元格原始状态，再次单击"合并后居中"按钮即可。

4.2.4 设置单元格的行高和列宽

工作表中单元格的宽度和高度尺寸都是默认的，如果默认的行高、列宽无法满足表格数据显示或表格外观设计要求，可以重新设置行高和列宽。

扫一扫 看视频

❶ 选中需要调整行高或列宽的单元格区域，单击"开始"选项卡的"单元格"组中的"格式"下拉按钮，在打开的下拉列表中选择"行高"或"列宽"选项(见图4-38)，打开"行高"或"列宽"对话框。

❷ 重新输入行高值和列宽值，如图4-39和图4-40所示。

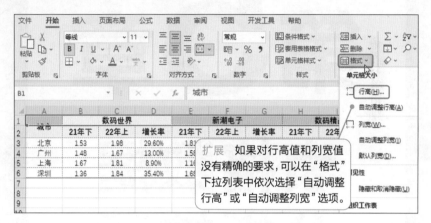

图4-38

图4-39 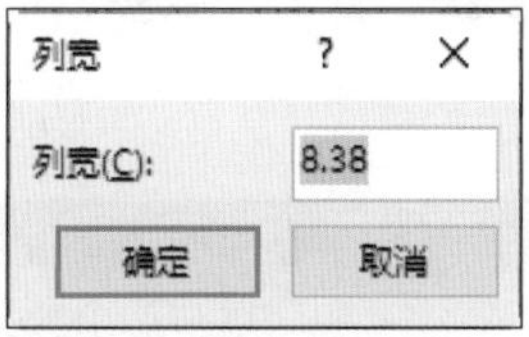   图4-40

经验之谈

如果要快速粗略地调整单元格的行高和列宽，可以在选中行或列之后，将鼠标指针放置在列边线上，此时鼠标指针会变成╬符号，按住鼠标左键不放并向左右拖动，即可在上方显示具体的列宽尺寸，如图4-41所示。释放鼠标即可完成列宽的调整。

如果要调整行高，可以按照相同的方式，将鼠标指针放置在行边线上，并按住鼠标左键不放向下拖动，实现快速调整行高，如图4-42所示。

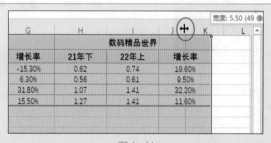

图4-41

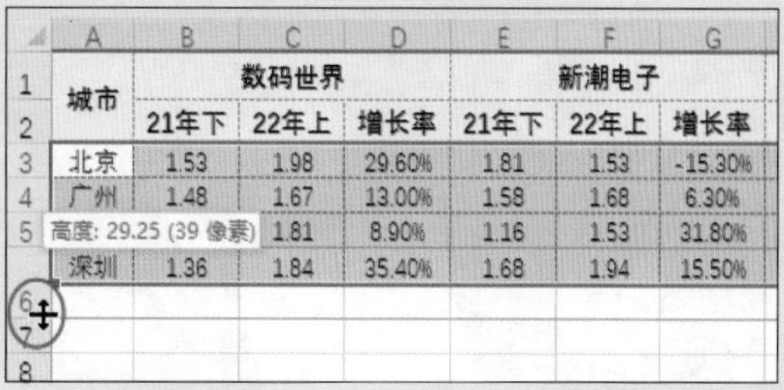

图4-42

第5章

表格数据分析技巧

5.1 条件格式

使用条件格式可以突出显示满足条件的数据，如在大于指定值时、小于指定值时、等于某日期时显示特殊标记等，因此条件格式的功能可以起到在数据库中筛选查看并辅助分析的目的。

Excel 中提供了几个预设的条件规则，应用起来非常方便。

5.1.1 突出显示大于指定值的数据

Excel 中把"大于""小于""等于""文本包含"等多个条件总结为突出显示单元格规则。例如，在销售统计表中要求将大于 4000 元的金额突出显示出来。

扫一扫 看视频

❶ 选中"销售金额"列的单元格区域，单击"开始"选项卡的"样式"组中的"条件格式"下拉按钮，在打开的下拉列表中选择"突出显示单元格规则"→"大于"选项，如图 5-1 所示，打开"大于"对话框。

> 扩展 在该下拉列表中还可以选择小于、介于、等于、文本包含、发生日期、重复值等选项进行条件格式设置。

图 5-1

❷ 将值大于 4000 的单元格设置为"浅红填充色深红色文本"，如图 5-2 所示。

> 扩展 该列表中还可以选择其他显示效果。

图 5-2

❸ 单击"确定"按钮回到工作表中，可以看到所有销售金额大于 4000 的单元格都显示为浅红色，如图 5-3 所示。

图 5-3

5.1.2 突出显示前几位数据

Excel 中把"前 10 项""前 10%项""高于平均值"等多个条件总结为最前 / 最后规则，下面通过示例介绍其使用方法。在销售统计表中查看哪几种产品的本期销售总额不理想，以便分析销售失败的原因。

扫一扫 看视频

❶ 选中"销售金额"列的单元格区域，单击"开始"选项卡的"样式"组中的"条件格式"下拉按钮，在打开的下拉列表中选择"最前/最后规则"→"最后 10 项"选项，如图 5-4 所示，打开"最后 10 项"对话框。

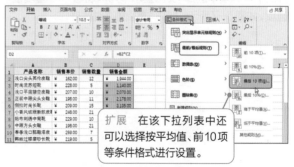

> 扩展 在该下拉列表中还可以选择按平均值、前 10 项等条件格式进行设置。

图 5-4

❷ 重新设置值为 3（因为只想让最后 3 名数据显示特殊格式），如图 5-5 所示。

❸ 设置完成后单击"确定"按钮，可以看到最后 3 名销售金额显示为所设置的特殊格式，如图 5-6 所示。

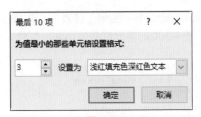

图5-5

图5-6

5.1.3 标记重复值

扫一扫 看视频

已知表格中记录了4月份的值班人员姓名。现在通过单元格条件格式的设置，实现当值班人员姓名只出现一次时就显示特殊格式。

❶选中显示值班人员姓名的单元格区域，单击"开始"选项卡的"样式"组中的"条件格式"下拉按钮，在打开的下拉列表中选择"突出显示单元格规则"→"重复值"选项，如图5-7所示，打开"重复值"对话框。

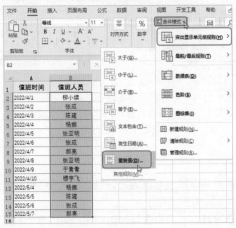

图5-7

❷单击第一个下拉按钮，在打开的下拉列表中选择"唯一"，单击"设置为"右侧的下拉按钮，在打开的下拉列表中选择"自定义格式"选项(见图5-8)，打开"设置单元格格式"对话框。

图5-8

❸在"字体"选项卡中设置字形、颜色，如图5-9所示；切换到"填充"选项卡，设置单元格填充颜色，如图5-10所示。

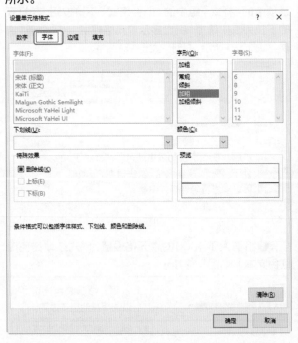

图5-9

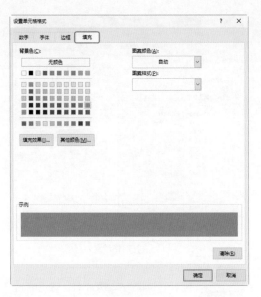

图 5-10

❸ 设置完成后依次单击"确定"按钮回到表格中,即可看到选中的单元格区域中只出现一次的值被设置为特殊的格式,如图 5-11 所示。

	A	B	C	D
1	值班时间	值班人员		
2	2022/4/1	柳小续		
3	2022/4/2	张成		
4	2022/4/3	陈建		
5	2022/4/4	杨娜		
6	2022/4/5	张亚明		
7	2022/4/6	张成		
8	2022/4/7	郝亮		
9	2022/4/8	张亚明		
10	2022/4/9	于青青		
11	2022/4/10	穆宇飞		
12	2022/5/4	杨娜		
13	2022/5/5	陈建		
14	2022/5/6	张成		
15	2022/5/7	郝亮		

图 5-11

5.1.4 按发生日期突出显示

已知表格中统计了网店的每日订单记录。现在要通过单元格条件的设置,实现以特殊格式显示出上个月所有订单的记录。

扫一扫　看视频

❶ 选中显示下单日期的单元格区域,单击"开始"选项卡的"样式"组中的"条件格式"下拉按钮,在打开的下拉列表中选择"突出显示单元格规则"→"发生日期"选项,如图 5-12 所示。

❷ 弹出"发生日期"对话框,单击第一个下拉按钮,在打开的下拉列表中选择"上个月"选项,再单击"设置为"右侧的下拉按钮,选择相应的格式,如图 5-13 所示。

图 5-12

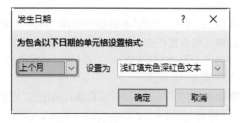

图 5-13

❸ 设置完成后依次单击"确定"按钮回到表格中,即可看到所有上个月的日期都被设置为特殊的格式,如图 5-14 所示。

	A	B	C	D	E	F
1	下单日期	货号	码数	颜色	销售平台	
2	2022/3/5	MY435	M	黑灰	天猫	
3	2022/3/12	MY231	M	卡其	京东	
4	2022/3/17	MY543	L	皮红	京东	
5	2022/4/18	MY67	XL	卡其	天猫	
6	2022/5/12	LQ123	L	咖啡	京东	
7	2022/4/3	LQ884	XL	皮红	京东	
8	2022/4/29	LQ431	M	黑灰	天猫	
9	2022/5/30	LQ435	XL	咖啡	天猫	
10	2022/4/23	PL09	S	米白	京东	
11	2022/5/24	PL988	L	拼色	天猫	
12	2022/4/15	PL43	XL	黄	天猫	
13	2022/5/28	PL76	S	绿	天猫	

图 5-14

经验之谈

在打开的"发生日期"对话框的下拉列表中还有其他选项可以选择，如"昨天""本周""最近7天"等，在操作时可以根据实际需要进行选择。通过此对话框来设置特殊格式无法自定义指定的日期区间，并且只有这几项可供选择。

5.1.5 排除指定文本突出显示

扫一扫 看视频

本例表格为某次学生竞赛的成绩表，如图5-15所示，要求将所有非"安和佳小学"的记录都特殊标识出来。

在进行条件格式设置时，要实现排除某文本之后其他的数据都特殊标记，需要打开"新建格式规则"对话框进行设置。

❶选中要设置的单元格区域，单击"开始"选项卡的"样式"组中的"条件格式"下拉按钮，在打开的下拉列表中选择"新建规则"选项(见图5-16)，打开"新建格式规则"对话框。

❷在"选择规则类型"列表框中选择"只为包含以下内容的单元格设置格式"规则，在"编辑规则说明"栏中依次将各项设置为"特定文本""不包含""安和佳"，如图5-17~图5-19所示。

❸单击"格式"按钮，打开"设置单元格格式"对话框，切换到"填充"选项卡，设置填充颜色，图5-20所示。

排名	员工姓名	班级	分数
1	包子贤	安和佳小学五(1)班	98
2	张佳佳	南港小学五(2)班	97.5
3	赵子琪	乐地小学五(3)班	97
4	韩潋	安和佳小学五(1)班	96
5	韩晓宇	乐地小学五(2)班	94
6	张志诚	和平路小学五(1)班	93.5
7	赵洛宇	安和佳小学五(1)班	92
8	夏长茹	安和佳小学五(5)班	91
9	余佩琪	和平路小学五(1)班	89
10	杭天昊	南港小学五(4)班	88
11	孙悦	南港小学五(1)班	87
12	李佳嘉	安和佳小学五(5)班	85
13	张文轩	和平路小学五(8)班	84
14	陈紫涵	南港小学五(7)班	82
15	韩伊一	乐地小学五(4)班	77

图5-15

图5-16

图5-17

图5-18

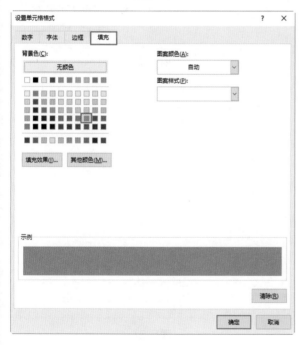

图5-19

图5-20

❹设置后依次单击"确定"按钮即可让所有不包含"安和佳"的单元格以特殊格式显示。

经验之谈

在"突出显示单元格规则"中有"文本包含"的规则。例如,针对本例想将包含"安和佳"的条目以特殊格式显示,则单击"开始"选项卡的"样式"组中的"条件格式"下拉按钮,在打开的下拉列表中选择"突出显示单元格规则"→"文本包含"选项,打开如图5-21所示的对话框并设置,然后单击"确定"按钮,得到如图5-22所示的结果。需要注意的是,如果想设置不包含的条件,没有专用的设置选项,必须打开"新建格式规则"对话框进行设置。

图5-21

	A	B	C	D
1	排名	员工姓名	班级	分数
2	1	包子贤	安和佳小学五(1)班	98
3	2	张佳佳	南港小学五(2)班	97.5
4	3	赵子琪	乐地小学五(3)班	97
5	4	韩澈	安和佳小学五(1)班	96
6	5	韩晓宇	乐地小学五(2)班	94
7	6	张志诚	和平路小学五(1)班	93.5
8	7	赵洛宇	安和佳小学五(1)班	92
9	8	夏长茹	安和佳小学五(5)班	91
10	9	余佩琪	和平路小学五(1)班	89
11	10	杭天昊	南港小学五(4)班	88
12	11	孙悦	南港小学五(1)班	87
13	12	李佳嘉	安和佳小学五(5)班	85
14	13	张文轩	和平路小学五(8)班	84
15	14	陈紫涵	南港小学五(7)班	82

图5-22

5.1.6 通过数据条表达数据大小

本例表格为某个月份的销量统计表,在此表格中可以通过添加数据条直接比较数据的大小。

扫一扫 看视频

选中D3:D13单元格区域,单击"开始"选项卡的"样式"组中的"条件格式"下拉按钮,在打开的下拉列表中选择"数据条"选项(见图5-23),即可创建数据条图标,如图5-24所示。

图5-23

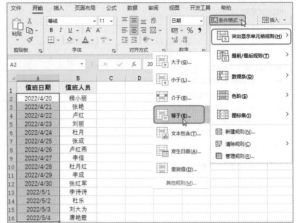

图5-25

	A	B	C	D
1	4月份销量统计表			
2	编号	产品名称	包装规格	销量
3	ZG6007	通体大理石	6*	187
4	ZG6008	生态大理石	6*	65
5	ZG6009	喷墨瓷片	9*	165
6	ZG6010	艺术仿古砖	6*	71
7	ZG6011	负离子通体全瓷中板	11*	27
8	ZG6012	通体仿古砖	6*	48
9	ZG6013	负离子钻石釉大理石	6*	19
10	ZG6014	木纹金刚石	3*	72
11	ZG6015	希腊爵士白	3*	33
12	ZG6016	负离子生态大理石	3*	10
13	ZG6017	全抛釉玻化砖	3*	22

图5-24

5.1.7 高亮提醒值班人员

扫一扫 看视频

本例表格中统计了每位员工的值班日期，下面需要通过"条件格式"根据系统当前的日期，把将要进行值班的日期以浅红色底纹标记出来。假设当前的系统日期是2022/4/28。

❶选中要设置的单元格区域，单击"开始"选项卡的"样式"组中的"条件格式"下拉按钮，在打开的下拉列表中选择"突出显示单元格规则"→"等于"选项，如图5-25所示，打开"等于"对话框。

❷在设置框中输入"=TODAY()+1"（见图5-26），单击"确定"按钮，即可把第二天要值班的日期（系统日期后一天）以浅红色底纹标记出来，效果如图5-27所示。

图5-26

	A	B	C	D	E
1	值班日期	值班人员			
2	2022/4/20	程小丽			
3	2022/4/21	张艳			
4	2022/4/22	卢红			
5	2022/4/23	刘丽			
6	2022/4/24	杜月			
7	2022/4/25	张成			
8	2022/4/26	卢红燕			
9	2022/4/27	李佳			
10	2022/4/28	杜月红			
11	2022/4/29	李成			
12	2022/4/30	张红军			
13	2022/5/1	李诗诗			
14	2022/5/2	杜乐			
15	2022/5/3	刘大为			
16	2022/5/4	唐艳霞			

图5-27

经验之谈

TODAY函数用于返回当前的日期，再加上1就可以返回后一天的日期。

5.1.8 比较采购价格是否一样

本例表格中统计了各种商品1月份与2月份的采购价格，有些价格是不同的，通过条件格式的设置，可以实现当每种商品两个月份的采购价格不同时以特殊格式显示出来。

扫一扫　看视频

❶选中B列与C列中显示价格的单元格区域，单击“开始”选项卡的“样式”组中的“条件格式”下拉按钮，在打开的下拉列表中选择“新建规则”选项(见图5-28)，打开“新建格式规则”对话框。

条件格式
突出显示单元格规则(H)
最前/最后规则(T)
数据条(D)
色阶(S)
图标集(I)
新建规则(N)...
清除规则(C)
管理规则(R)...
品名
1月份价格(元)
2月份价格(元)

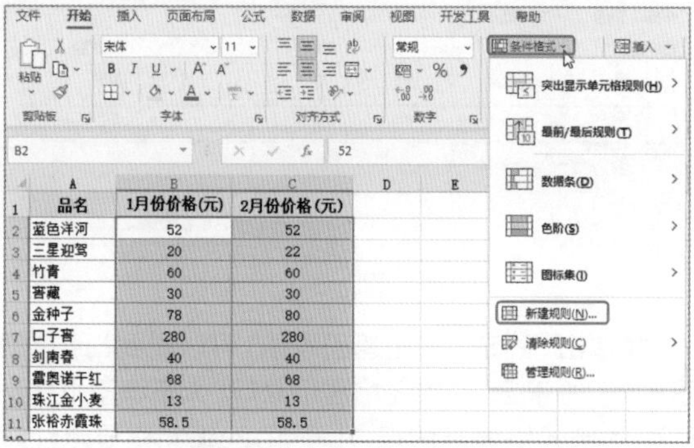

图5-28

❷在列表中选择最后一条规则类型，设置公式为“=NOT(EXACT ($B2,$C2))”，如图5-29所示。

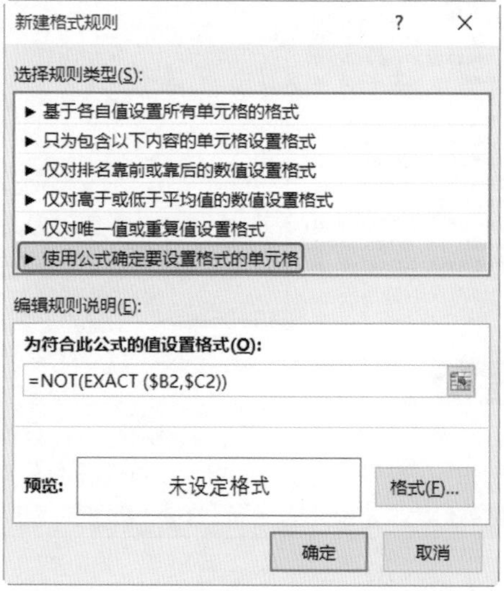

新建格式规则
选择规则类型(S):
► 基于各自值设置所有单元格的格式
► 只为包含以下内容的单元格设置格式
► 仅对排名靠前或靠后的数值设置格式
► 仅对高于或低于平均值的数值设置格式
► 仅对唯一值或重复值设置格式
► 使用公式确定要设置格式的单元格
编辑规则说明(E):
为符合此公式的值设置格式(O):
=NOT(EXACT ($B2,$C2))
预览:
未设定格式
格式(F)...
确定
取消

图5-29

❸单击“格式”按钮，打开“设置单元格格式”对话框，切换到“填充”选项卡下，选择填充颜色；再切换到“字体”选项卡下设置字体。

❹单击“确定”按钮，回到“新建格式规则”对话框中，可以看到预览格式，如图5-30所示。

新建格式规则
选择规则类型(S):
► 基于各自值设置所有单元格的格式
► 只为包含以下内容的单元格设置格式
► 仅对排名靠前或靠后的数值设置格式
► 仅对高于或低于平均值的数值设置格式
► 仅对唯一值或重复值设置格式
► 使用公式确定要设置格式的单元格
编辑规则说明(E):
为符合此公式的值设置格式(O):
=NOT(EXACT($B2,$C2))
预览:
微软卓越 AaBbCc
格式(F)...
确定
取消

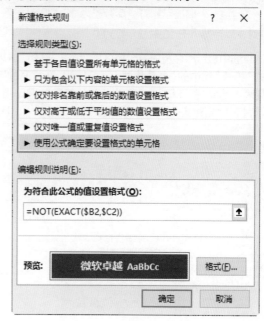

图5-30

❺单击“确定”按钮，即可实现如图5-31所示的效果。

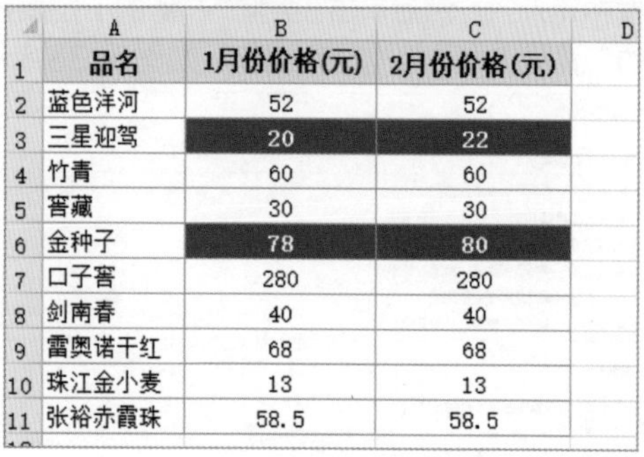

	A	B	C
1	品名	1月份价格(元)	2月份价格(元)
2	蓝色洋河	52	52
3	三星迎驾	20	22
4	竹青	60	60
5	窖藏	30	30
6	金种子	78	80
7	口子窖	280	280
8	剑南春	40	40
9	雷奥诺干红	68	68
10	珠江金小麦	13	13
11	张裕赤霞珠	58.5	58.5

图5-31

经验之谈

EXACT函数用于比较两个值是否相等。公式“=NOT(EXACT($B2, $C2))”表示当判断出两个值不相等时为其设置格式。

5.1.9 **根据库存量添加三色灯**

扫一扫 看视频

本例要求将"仓库产品库存"工作表中不同的库存量以不同颜色的图标进行表示，当库存量大于等于20时显示绿灯、库存量为10~20时显示黄灯、库存量小于10时显示红灯。

❶选中显示库存量的单元格区域，单击"开始"选项卡的"样式"组中的"条件格式"下拉按钮，在打开的下拉列表中选择"图标集"→"其他规则"选项，如图5-32所示，打开"新建格式规则"对话框。

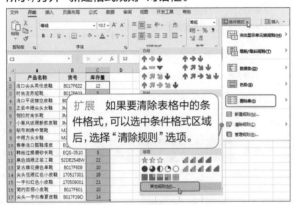

图5-32

扩展 如果要清除表格中的条件格式，可以选中条件格式区域后，选择"清除规则"选项。

❷设置"格式样式"为"图标集"，在绿灯后面的"值"文本框中输入20，然后单击"类型"右侧的下拉按钮，在打开的下拉列表中选择"数字"选项，如图5-33所示。

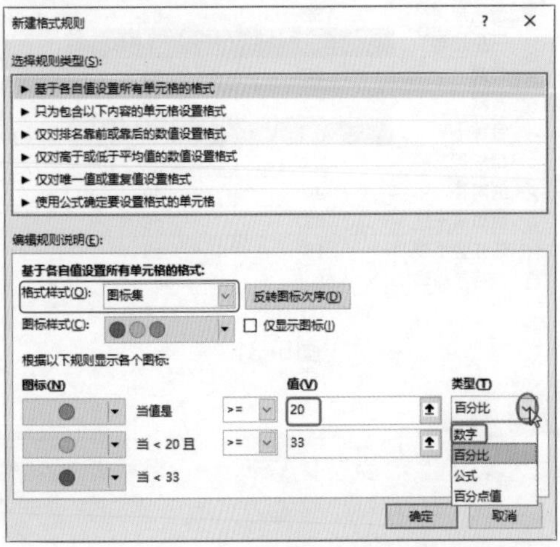

图5-33

❸按照相同的方法设置黄灯的值为10，同样将"类型"更改为"数字"，如图5-34所示。

图5-34

❹单击"确定"按钮返回表格，可以看到"库存量"列中大于等于20的单元格显示绿灯、大于等于10且小于20的单元格显示黄灯、小于10的单元格显示红灯，如图5-35所示。

图5-35

经验之谈

如果只想在表格中将库存量显示红灯预警的图标显示出来，可以在"新建格式规则"对话框中分别设置绿灯和黄灯为"无单元格图标"样式，如图5-36所示。

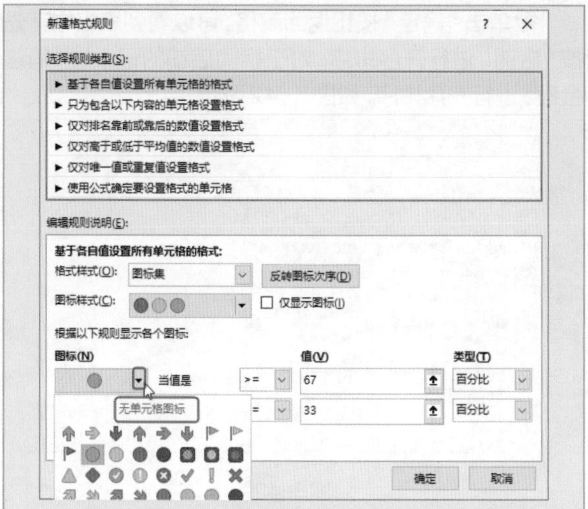

图5-36

5.1.10 快速复制条件格式

如果表格中已经设置了条件格式，当其他单元格区域中需要使用相同的条件格式时，可以利用复制的方法进行设置。

扫一扫 看视频

❶例如，“6月库存”工作表的一些单元格区域中已经设置了条件格式，选中设置了条件格式的单元格区域后，单击“开始”选项卡的“剪贴板”组中的“格式刷”按钮，如图5-37所示。

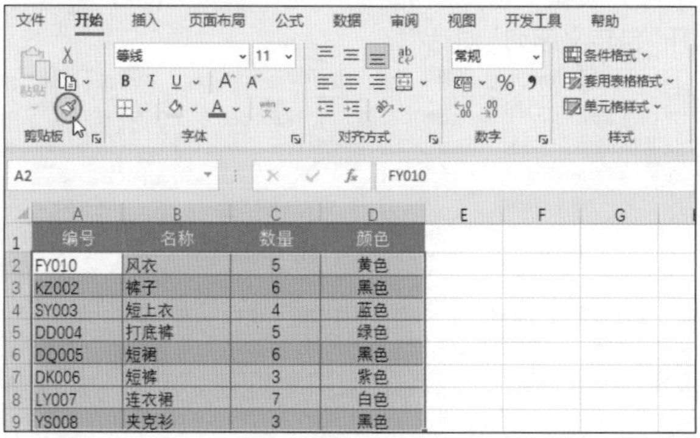

	A	B	C	D
1	编号	名称	数量	颜色
2	FY010	风衣	5	黄色
3	KZ002	裤子	6	黑色
4	SY003	短上衣	4	蓝色
5	DD004	打底裤	5	绿色
6	DQ005	短裙	6	黑色
7	DK006	短裤	3	紫色
8	LY007	连衣裙	7	白色
9	YS008	夹克衫	3	黑色

图5-37

❷此时鼠标指针变成刷子形状，再切换到“7月库存”工作表，在需要引用格式的单元格上拖动鼠标直到结束位置(见图5-38)，释放鼠标即可引用条件格式，如图5-39所示。

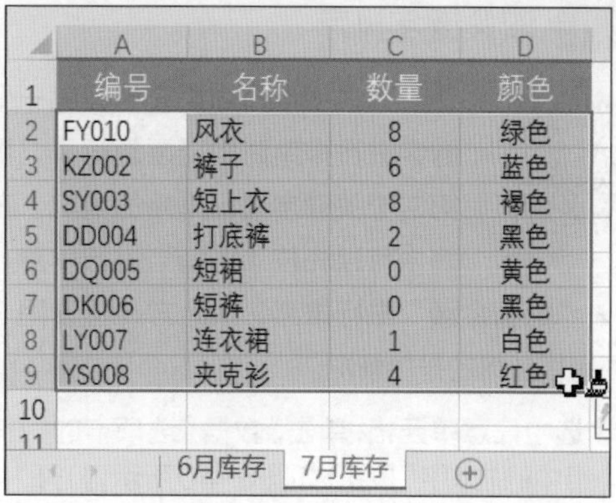

	A	B	C	D
1	编号	名称	数量	颜色
2	FY010	风衣	8	绿色
3	KZ002	裤子	6	蓝色
4	SY003	短上衣	8	褐色
5	DD004	打底裤	2	黑色
6	DQ005	短裙	0	黄色
7	DK006	短裤	0	黑色
8	LY007	连衣裙	1	白色
9	YS008	夹克衫	4	红色

图5-38

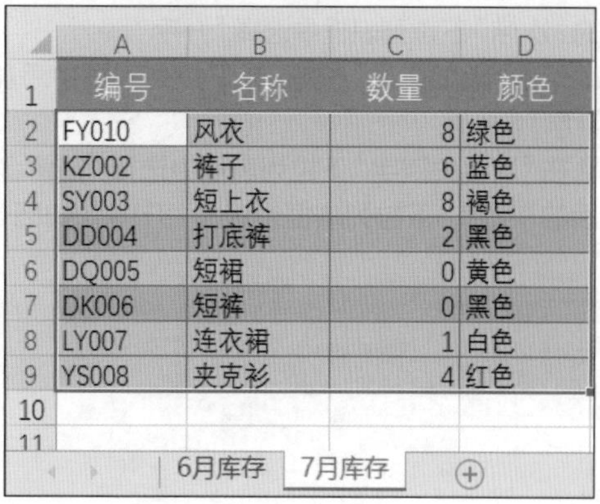

	A	B	C	D
1	编号	名称	数量	颜色
2	FY010	风衣	8	绿色
3	KZ002	裤子	6	蓝色
4	SY003	短上衣	8	褐色
5	DD004	打底裤	2	黑色
6	DQ005	短裙	0	黄色
7	DK006	短裤	0	黑色
8	LY007	连衣裙	1	白色
9	YS008	夹克衫	4	红色

图5-39

经验之谈

利用格式刷引用条件格式具有操作方便、快速的优点，除了引用了条件格式外，边框、填充、文字格式、数字格式等都会一起被引用。

5.2 排序和筛选

数据排序功能是将无序的数据按照指定的关键字进行排列，通过排序结果可以方便地对数据进行查看与比较；数据筛选常用于对数据库进行分析，通过设置筛选条件可以快速将数据库中满足指定条件的数据记录筛选出来，使数据的查看更具针对性。

5.2.1 双关键字排序

扫一扫 看视频

双关键字排序用于当按第一个关键字进行排序时出现重复记录，再按第二个关键字进行排序的情况。在本例中可以先按"店铺"进行排序，然后按"销售金额"进行排序，从而方便查看同一店铺中销售业绩的排序情况。

❶选中任意单元格，单击"数据"选项卡的"排序和筛选"组中的"排序"按钮，如图5-40所示，打开"排序"对话框。

❷在"主要关键字"下拉列表框中选择"店铺"，在其后的"次序"下拉列表框中选择"升序"。

❸单击"添加条件"按钮，在下拉列表框中添加"次要关键字"。

❹在"次要关键字"下拉列表框中选择"销售金额"，在其后的"次序"下拉列表框中选择"升序"，如图5-41所示。

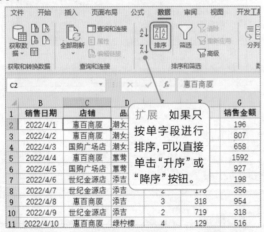

图5-40

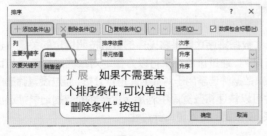

图5-41

❺单击"确定"按钮返回表格，可以看到表格中首先按"店铺"进行升序排序，对于相同店铺的记录按"销售金额"进行升序排序，如图5-42所示。

图5-42

5.2.2 自定义排序

如果降序和升序不能满足数据分析需求，可以设置自定义排序，如按学历、按职位高低、按业务员姓名等对表格数据进行排序。

扫一扫 看视频

❶选中任意单元格，单击"数据"选项卡的"排序和筛选"组中的"排序"按钮(见图5-43)，打开"排序"对话框。

❷设置主要关键字为"销售员"，并在其后的"次序"下拉列表框中选择"自定义序列"选项(见图5-44)，打开"自定义序列"对话框。

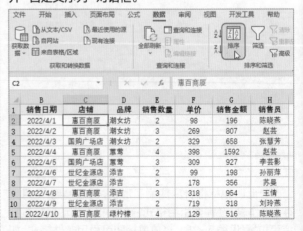

图5-43

图5-44

❸在中间的"输入序列"列表框中依次输入排列的销售员姓名，如图5-45所示。最后单击"添加"按钮即可将其添加至左侧的"自定义序列"列表框中。

❹单击"确定"按钮返回"排序"对话框即可看到添加的自定义次序，如图5-46所示。

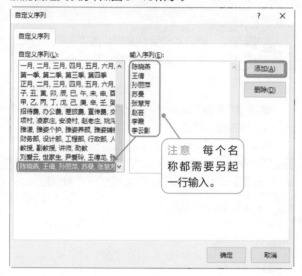

图5-45

图5-46

❺单击"确定"按钮返回表格，即可看到已按指定销售员姓名的顺序重新排列数据，如图5-47所示。

图5-47

5.2.3 筛选大于指定值的记录

当用于筛选的字段是数值时，可以进行"大于""小于""介于"指定值的条件设置，从而筛选出满足条件的数据条目。本例要筛选出销售金额大于3000元的记录，具体操作步骤如下。

扫一扫 看视频

❶选中任意单元格，单击"数据"选项卡的"排序和筛选"组中的"筛选"按钮，则可以在表格中所有列标题上添加筛选下拉按钮。

❷单击"销售金额"列标题右侧的下拉按钮，在打开的下拉列表中选择"数字筛选"子列表中的"大于"选项，如图5-48所示，打开"自定义自动筛选方式"对话框。

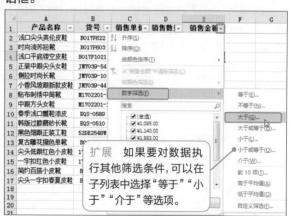

图5-48

❸设置"大于"数值为3000，如图5-49所示。

图5-49

❹单击"确定"按钮返回表格，即可筛选出销售金额大于3000元的记录，如图5-50所示。

	A	B	C	D	E
1	产品名称	货号	销售单价	销售数量	销售金额
6	侧拉时尚长靴	JMY039-10	¥ 209.00	15	¥ 3,135.00
7	小香风坡跟新款皮鞋	JMY039-44	¥ 248.00	21	¥ 5,208.00
9	中跟方头女鞋	M1702201-1	¥ 198.00	21	¥ 4,158.00
12	黑色细跟正装工鞋	52DE2548W	¥ 268.00	22	¥ 5,896.00
14	尖头低跟红色小皮鞋	170517301	¥ 208.00	18	¥ 3,744.00
15	一字扣红色小皮鞋	170509001	¥ 248.00	21	¥ 5,208.00
17	尖头一字扣香夏皮鞋	B017F290	¥ 252.00	14	¥ 3,528.00

图5-50

5.2.4 筛选大于平均值的记录

扫一扫 看视频

本例表格中统计了学生的分数，要求快速将分数大于平均分的记录都筛选出来，具体操作步骤如下。

❶单击"数据"选项卡的"排序和筛选"组中的"筛选"按钮添加自动筛选。

❷单击"分数"列标题右侧的下拉按钮，在打开的下拉列表中选择"数字筛选"子列表中的"高于平均值"选项(见图5-51)，单击即可完成筛选，结果如图5-52所示。

图5-51

	A	B	C
1	姓名	班级	分数
3	肖菲菲	1	88
5	胡杰	1	94
7	廖菲	2	88
8	高丽雯	2	90
10	刘磊	2	89
12	毛杰	3	92
13	黄中洋	3	87
14	刘瑞	3	91
15			
16			
17			
18			
19			
20			

图5-52

5.2.5 筛选业绩排名前5的记录

扫一扫 看视频

本例要筛选出业绩排名前5的记录，具体操作步骤如下。

❶单击"数据"选项卡的"排序和筛选"组中的"筛选"按钮添加自动筛选。

❷单击"业绩(万元)"列标题右侧的下拉按钮，在打开的下拉列表中选择"数字筛选"子列表中的"前10项"选项(见图5-53)，打开"自动筛选前10个"对话框。

图5-53

❸设置"最大"为5项,如图5-54所示。

❹单击"确定"按钮即可完成筛选,结果如图5-55所示。

图5-54

	A	B	C
1	业务员 ▼	销售分 ▼	业绩(万元 ▼
5	胡杰	1	94
8	高丽雯	2	90
10	刘霜	2	89
12	毛杰	3	92
14	刘瑞	3	91
15			
16			
17			
18			
19			

图5-55

5.2.6 筛选只要有一门科目成绩大于 90 分的记录

本例表格中统计了学生各门科目的成绩,要求将只要有一门科目成绩大于90分的记录都筛选出来。

扫一扫 看视频

❶在空白处设置条件并包括各项列标题,如图5-56所示。F1:H4单元格区域为设置的条件。

❷单击"数据"选项卡的"排序和筛选"组中的"高级"按钮,打开"高级筛选"对话框。

❸在"列表区域"文本框中设置参与筛选的单元格区域(可以单击右侧的🔳按钮在工作表中选择),在"条件区域"文本框中设置条件单元格区域,选中"将筛选结果复制到其他位置"单选按钮,再在"复制到"文本框中设置放置筛选后的数据的起始位置,如图5-57所示。

	A	B	C	D	E	F	G	H
1	姓名	语文	数学	英语		语文	数学	英语
2	刘娜	92	89	88		>=90		
3	钟扬	58	55	67			>=90	
4	陈振涛	76	71	78				>=90
5	陈自强	91	92	90				
6	吴丹晨	78	87	90				
7	谭谢生	92	90	95				
8	邹瑞宣	89	87	88				
9	唐雨萱	71	88	72				
10	毛杰	92	90	88				
11	黄中洋	87	89	76				
12	刘瑞	90	92	94				

图5-56

图5-57

❹单击"确定"按钮即可筛选出满足条件的记录,如图5-58所示。

	A	B	C	D	E	F	G	H	I
1	姓名	语文	数学	英语		语文	数学	英语	
2	刘娜	92	89	88		>=90			
3	钟扬	58	55	67			>=90		
4	陈振涛	76	71	78				>=90	
5	陈自强	91	92	90					
6	吴丹晨	78	87	90					
7	谭谢生	92	90	95		姓名	语文	数学	英语
8	邹瑞宣	89	87	88		刘娜	92	89	88
9	唐雨萱	71	88	72		陈自强	91	92	90
10	毛杰	92	90	88		吴丹晨	78	87	90
11	黄中洋	87	89	76		谭谢生	92	90	95
12	刘瑞	90	92	94		毛杰	92	90	88
13						刘瑞	90	92	94

图5-58

5.2.7 筛选指定时间区域的记录

本例表格数据如图 5-59 所示(A列数据既包含日期又包含时间),现在需要将 8:00:00—10:00:00 之间的记录都筛选出来,即得到如图 5-60 所示的数据。

扫一扫 看视频

	A	B
1	时间	数量
2	2021/6/1 8:22	88
3	2021/6/1 8:45	67
4	2021/6/1 9:20	78
5	2021/6/1 10:10	90
6	2021/6/1 12:20	90
7	2021/6/1 13:09	95
8	2021/6/2 8:00	88
9	2021/6/2 8:25	72
10	2021/6/2 9:06	88
11	2021/6/2 9:45	76
12	2021/6/2 12:22	94
13	2021/6/2 14:42	35
14	2021/6/3 8:15	76
15	2021/6/3 8:18	65
16	2021/6/3 9:05	87
17	2021/6/3 10:21	65
18	2021/6/3 11:55	88

图5-59

	A	B
1	时间	数量
2	2021/6/1 8:22	88
3	2021/6/1 8:45	67
4	2021/6/1 9:20	78
5	2021/6/2 8:00	88
6	2021/6/2 8:25	72
7	2021/6/2 9:06	88
8	2021/6/2 9:45	76
9	2021/6/3 8:15	76
10	2021/6/3 8:18	65
11	2021/6/3 9:05	87
12		
13		
14		
15		

图5-60

❶为保留A列中的原数据，首先在A列与B列中间插入两列，将A列数据复制到新插入的B列中，新插入的C列用于存放分列后的数据。

❷选中B列数据，单击"数据"选项卡的"数据工具"组中的"分列"按钮，打开"文本分列向导-第1步，共3步"对话框，选中"分隔符号"单选按钮，如图5-61所示。

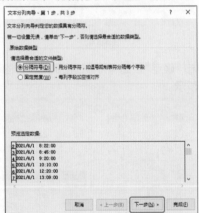

图5-61

❸单击"下一步"按钮，勾选"空格"复选框，如图5-62所示。

❹单击"完成"按钮，时间即被分隔到C列中，如图5-63所示。

❺继续单击"数据"选项卡的"排序和筛选"组中的"筛选"按钮添加自动筛选。单击C列列标题右侧的下拉按钮，在打开的下拉列表中选择"数字筛选"子列表中的"介于"选项(见图5-64)，打开"自定义自动筛选方式"对话框。

图5-62

	A	B	C	D
1	时间			数量
2	2021/6/1 8:22	2021/6/1 0:00	8:22:00	88
3	2021/6/1 8:45	2021/6/1 0:00	8:45:00	67
4	2021/6/1 9:20	2021/6/1 0:00	9:20:00	78
5	2016/6/1 10:10	2016/6/1 0:00	10:10:00	90
6	2016/6/1 12:20	2016/6/1 0:00	12:20:00	90
7	2016/6/1 13:09	2016/6/1 0:00	13:09:00	95
8	2021/6/2 8:00	2021/6/2 0:00	8:00:00	88
9	2021/6/2 8:25	2021/6/2 0:00	8:25:00	72
10	2021/6/2 9:06	2021/6/2 0:00	9:06:00	88
11	2021/6/2 9:45	2021/6/2 0:00	9:45:00	76
12	2016/6/2 12:22	2016/6/2 0:00	12:22:00	94
13	2016/6/2 14:42	2016/6/2 0:00	14:42:58	35
14	2021/6/3 8:15	2021/6/3 0:00	8:15:20	76
15	2021/6/3 8:18	2021/6/3 0:00	8:18:12	65
16	2021/6/3 9:05	2021/6/3 0:00	9:05:20	87
17	2016/6/3 10:21	2016/6/3 0:00	10:21:20	65
18	2016/6/3 11:55	2016/6/3 0:00	11:55:10	88

图5-63

图5-64

❻在打开的对话框中设置第1个条件为"大于或等于8:00:00",选中"与"单选按钮,设置第2个条件为"小于或等于10:00:00",如图5-65所示。

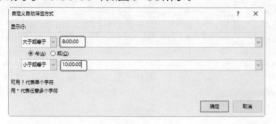

图5-65

❼单击"确定"按钮即可筛选出满足条件的记录,如图5-66所示。

	A	B	C	D
1	时间			数量
2	2021/6/1 8:22	2021/6/1 0:00	8:22:00	88
3	2021/6/1 8:45	2021/6/1 0:00	8:45:00	67
4	2021/6/1 9:20	2021/6/1 0:00	9:20:00	78
8	2021/6/2 8:00	2021/6/2 0:00	8:00:00	88
9	2021/6/2 8:25	2021/6/2 0:00	8:25:00	72
10	2021/6/2 9:06	2021/6/2 0:00	9:06:00	88
11	2021/6/2 9:45	2021/6/2 0:00	9:45:00	76
14	2021/6/3 8:15	2021/6/3 0:00	8:15:20	76
15	2021/6/3 8:18	2021/6/3 0:00	8:18:12	65
16	2021/6/3 9:05	2021/6/3 0:00	9:05:20	87

图5-66

❽将B列和C列的辅助列删除,即可得到如图5-60所示的效果。

5.2.8 筛选同一类型的数据

本例表格数据如图5-67所示(B列数据既有学校名称又有班级名称),现在要求将同一学校的记录都筛选出来,即得到如图5-68所示的数据。

扫一扫 看视频

	A	B	C
1	姓名	班级	成绩
2	刘娜	桃州一小1(1)班	93
3	钟扬	桃州一小1(2)班	72
4	陈振涛	桃州二小1(1)班	87
5	陈自强	桃州二小1(2)班	90
6	吴丹晨	桃州一小1(1)班	60
7	谭谢生	桃州三小1(1)班	88
8	邹璃萱	桃州三小1(2)班	99
9	刘璐璐	桃州二小1(2)班	82
10	黄永明	桃州三小1(1)班	65
11	简佳琪	桃州二小1(1)班	89
12	肖菲菲	桃州一小1(2)班	89
13	简佳丽	桃州三小1(2)班	77

图5-67

	A	B	C
1	姓名	班级	成绩
2	刘娜	桃州一小1(1)班	93
3	钟扬	桃州一小1(2)班	72
6	吴丹晨	桃州一小1(1)班	60
12	肖菲菲	桃州一小1(2)班	89
14			
15			
16			
17			
18			
19			

图5-68

❶单击"数据"选项卡的"排序和筛选"组中的"筛选"按钮添加自动筛选。

❷单击"班级"列标题右侧的下拉按钮,在打开的下拉列表中选择"文本筛选"子列表中的"开头是"选项(见图5-69),打开"自定义自动筛选方式"对话框。

❸在打开的对话框中设置条件为"开头是桃州一小",如图5-70所示。

图5-69

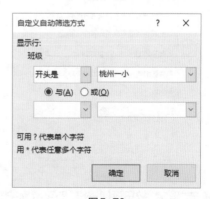

图5-70

❹单击"确定"按钮即可筛选出满足条件的记录,如图5-68所示。

5.2.9 筛选出指定店铺或销售金额大于指定值的记录

扫一扫 看视频

采用高级筛选方式可以将筛选到的结果存放于其他位置上，以便得到单一的分析结果，便于使用。在高级筛选方式下可以实现只满足一个条件的筛选（"或"条件的筛选），也可以实现同时满足两个条件的筛选（"与"条件的筛选）。例如，本例需要筛选出指定店铺或销售金额大于指定值的记录。

❶ 在相关区域输入高级筛选的条件，然后单击"数据"选项卡的"排序和筛选"组中的"高级"按钮(见图5-71)，打开"高级筛选"对话框。

❷ 分别设置高级筛选的各项参数，如图5-72所示。

注意 "或"条件高级筛选的设置可以将两个及以上不同的条件显示在不同的行。

图5-71

图5-72

❸ 单击"确定"按钮返回表格，即可看到按"或"条件筛选出指定店铺为"惠百商厦"或者销售金额大于1000元的所有记录，如图5-73所示。

图5-73

经验之谈

图5-74所示为按"与"条件设置的高级筛选条件。

图5-74

单击"确定"按钮返回表格，即可筛选出指定店铺为"惠百商厦"且销售金额大于1000元的所有记录，如图5-75所示。

图5-75

5.2.10 使用通配符进行高级筛选

扫一扫 看视频

高级筛选是利用通配符进行同一类型数据的筛选，使用通配符可以快速筛选出一列中满足条件的一类数据。通配符"*"表示一串字符（任意字符），"？"表示一个字符。例如，本例要筛选出"供应商"名称中含有"超市"的所有记录。

❶在F1:F2单元格区域设置条件，单击“数据”选项卡的“排序和筛选”组中的“高级”按钮(见图5-76)，打开“高级筛选”对话框。

❷在“列表区域”中选择筛选的范围，在“条件区域”中选择设置的条件区域，如图5-77所示。

	A	B	C	D	E	F
1	供应商	发票日期	发票编码	发票金额		供应商
2	天成装饰	2016/6/2	3578	¥72,500		*超市
3	永庆超市	2016/6/8	4884	¥3,839		
4	金立广告	2016/6/20	3890	¥1,320		
5	宏图印染	2016/7/4	4939	¥18,000		
6	天润超市	2016/7/8	3229	¥6,700		
7	卡通商贸	2016/7/12	6950	¥6,900		
8	永庆超市	2016/7/26	2784	¥12,000		
9	金立广告	2016/7/30	1288	¥18,400		
10	迈德超市	2016/8/11	3993	¥4,560		
11	卡通商贸	2016/8/27	1284	¥5,600		
12	天润超市	2016/9/1	6949	¥9,600		

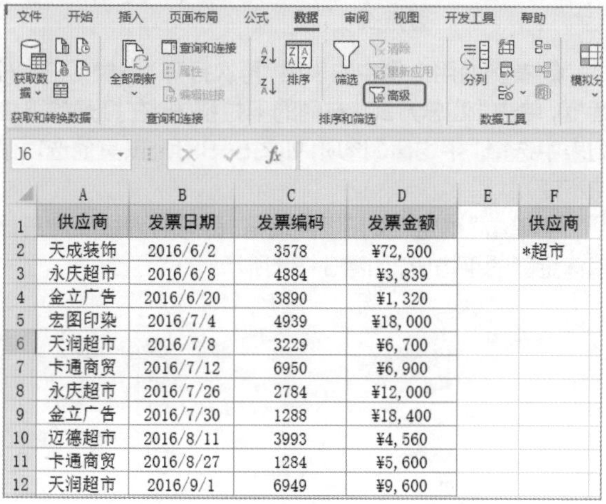

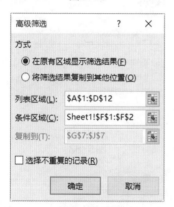

图5-76

图5-77

❸单击“确定”按钮，即可筛选出供应商为某超市的数据，如图5-78所示。

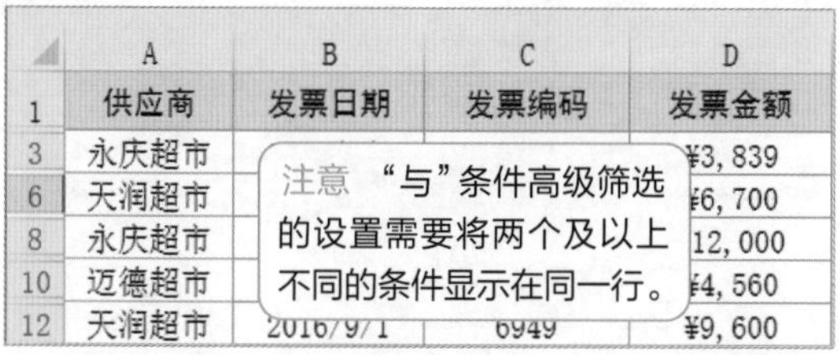

	A	B	C	D
1	供应商	发票日期	发票编码	发票金额
3	永庆超市			¥3,839
6	天润超市			¥6,700
8	永庆超市			12,000
10	迈德超市			¥4,560
12	天润超市	2016/9/1	6949	¥9,600

注意 “与”条件高级筛选的设置需要将两个及以上不同的条件显示在同一行。

图5-78

5.3 分类汇总

如果想要对数据量大且复杂的表格进行统计分析，如按业务员统计业绩、按部门统计报销总额、按店铺及品牌汇总销量等，使用前面介绍的条件格式、排序筛选等功能无法达到分析目的，可以使用分类汇总功能，并辅助使用排序功能指定需求分析数据。

5.3.1 单字段分类汇总

本例表格统计了4月份某店铺的商品销售数据，下面要求使用分类汇总功能按品牌统计销售数据，了解哪一个品牌的营业数据最佳。

扫一扫 看视频

❶选中“品牌”列任意单元格，单击“数据”选项卡的“排序和筛选”组中的“升序”按钮(见图5-79)，即可对该列数据进行升序排序。

❷继续单击“数据”选项卡的“分级显示”组中的“分类汇总”按钮(见图5-80)，打开“分类汇总”对话框。

❸依次设置“分类字段”“汇总方式”和“选定汇总项”，如图5-81所示。

❹单击“确定”按钮返回表格，即可得到分类汇总结果，如图5-82所示。

	A	B	C	D	E	F	G	H
1	日期	编码	销售渠道	品牌	产品名称			
2	2022/4/9	B-0002	线上	欧兰丽	洗面奶	3		
3	2022/4/9	D-0001	线下	美臣个护	丝婷®深层修护润	2		
4	2022/4/9	D-0008	线下	美臣个护	丽齿健•浓缩漱口	5		
5	2022/4/10	C-0002	线下	自然相宜	去粉刺套装	0		
6	2022/4/10	E-0010	线上	美臣辅销品	雅姿•化妆笔刨	0		
7	2022/4/11	A-0002	线上	姿然	微脂囊全效明眸眼	15ml	瓶	168
8	2022/4/11	B-0001	线上	欧兰丽	细胞再生因子补给	0	盒	130
9	2022/4/11	C-0002	线上	自然相宜	去粉刺套装	0	套	288
10	2022/4/11	D-0001	线下	美臣个护	丝婷®深层修护润	240毫升	瓶	120
11	2022/4/12	A-0004	线上	姿然	晒后护理霜	30ml	瓶	190
12	2022/4/12	B-0002	线下	欧兰丽	洗面奶	30ml	瓶	68
13	2022/4/13	C-0002	线下	自然相宜	去粉刺套装	0	套	280
14	2022/4/13	C-0002	线上	自然相宜	去粉刺套装	0	套	280
15	2022/4/13	D-0001	线上	美臣个护	丝婷®深层修护润	240毫升	瓶	120

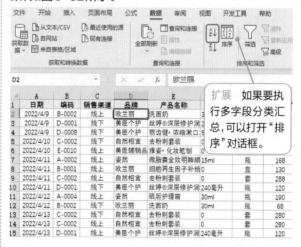

扩展 如果要执行多字段分类汇总，可以打开“排序”对话框。

图5-79

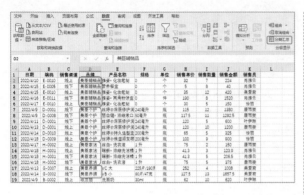

图5-80

图5-81

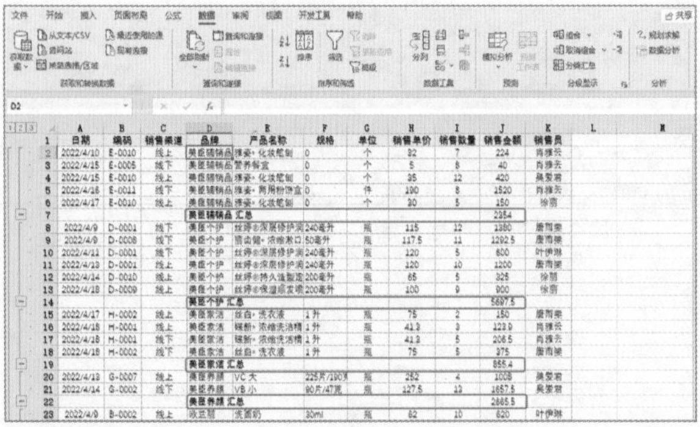

> **扩展** 如果要按销售渠道执行分类汇总，可以设置"分类字段"为"销售渠道"。

5.3.2 更改汇总计算的函数

默认的分类汇总方式为"求和"，也可以根据数据分析需要选择"平均值""最大值""最小值"等函数计算方式。

❶本例沿用上例中的表格，再次打开"分类汇总"对话框，单击"汇总方式"右侧的下拉按钮，在打开的下拉列表中选择"平均值"选项，如图5-83所示（其他选项保持不变）。

❷单击"确定"按钮返回表格，即可看到按品牌统计销售金额的平均值，如图5-84所示。

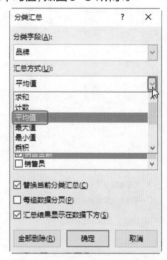

图5-83

图5-82

图5-84

经验之谈

如果要删除表格中的分类汇总结果，可以在打开的"分类汇总"对话框中单击左下角的"全部删除"按钮。

5.3.3 多字段分类汇总

前面介绍的都是单字段分类汇总，下面介绍通过多字段统计数据，如本例需要统计各个销售渠道下不同品牌商品的销售金额汇总。

扫一扫 看视频

❶选中表格中任意一个单元格。单击"数据"选项卡的"排序和筛选"组中的"排序"按钮(见图5-85)，打开"排序"对话框。

❷在"主要关键字"下拉列表框中选择"销售渠道"，并在其右侧的"次序"下拉列表框中选择"升序"；在"次要关键字"下拉列表框中选择"品牌"，并在其右侧的"次序"下拉列表框中选择"升序"，如图5-86所示。

第2篇 Excel篇

	A	B	C	D	E	F	G	H	I	J	K
1	日期	编码	销售渠道	品牌	产品名称	规格	单位	销售单价	销售数量	销售金额	销售员
2	2022/4/9	B-0002	线上	欧兰丽	洗面奶	30ml	瓶	62	10	620	叶伊琳
3	2022/4/9	D-0001	线下	美臣个护	丝婷®深层修护润	240毫升	瓶	115	12	1380	唐雨雯
4	2022/4/9	D-0008	线下	美臣个护	丽齿健•浓缩漱口	50毫升	瓶	117.5	11	1292.5	唐雨雯
5	2022/4/10	C-0002	线上	自然相宜	去粉刺套装	0	套	280	3	840	徐丽
6	2022/4/10	E-0010	线上	美臣辅销品	雅姿•化妆笔创	0	个	32	7	224	肖雅云
7	2022/4/11	A-0002	线上	姿然	微脂囊全效明眸眼	15ml	瓶	168	5	840	叶伊琳
8	2022/4/11	B-0001	线上	欧兰丽	细胞再生因子补给	0	盒	130	9	1170	叶伊琳
9	2022/4/11	C-0002	线上	自然相宜	去粉刺套装	0	套	288	2	576	吴爱君
10	2022/4/11	D-0001	线上	美臣个护	丝婷®深层修护润	240毫升	瓶	120	5	600	叶伊琳
11	2022/4/12	A-0004	线上	姿然	晒后护理霜	30ml	瓶	190	9	1710	肖雅云
12	2022/4/12	B-0002	线上	欧兰丽	洗面奶	30ml	瓶	68	10	680	肖雅云
13	2022/4/13	C-0002	线上	自然相宜	去粉刺套装	0	套	280	4	1120	徐丽
14	2022/4/13	C-0002	线上	自然相宜	去粉刺套装	0	套	280	5	1400	徐丽
15	2022/4/13	D-0001	线上	美臣个护	丝婷®深层修护润	240毫升	瓶	120	10	1200	唐雨雯
16	2022/4/13	G-0007	线上	美臣养颜	VC 大	225片/190克	瓶	252	4	1008	吴爱君

图5-85

图5-86

❸单击"确定"按钮，可以看到表格先按"销售渠道"字段进行排序，当销售渠道相同时再按"品牌"字段进行排序，如图5-87所示。

❹继续单击"数据"选项卡的"分级显示"组中的"分类汇总"按钮，打开"分类汇总"对话框。在"分类字段"下拉列表框中选择"销售渠道"，在"汇总方式"下拉列表框中选择"求和"，在"选定汇总项"列表框中选择"销售金额"，如图5-88所示。

	A	B	C	D	E	F	G
1	日期	编码	销售渠道	品牌	产品名称	规格	单位
2	2022/4/10	E-0010	线上	美臣辅销品	雅姿•化妆笔创	0	个
3	2022/4/15	E-0010	线上	美臣辅销品	雅姿•化妆笔创	0	个
4	2022/4/17	E-0010	线上	美臣辅销品	雅姿•化妆笔创	0	个
5	2022/4/13	D-0001	线上	美臣个护	丝婷®深层修护润	240毫升	瓶
6	2022/4/14	D-0001	线上	美臣个护	丝婷®持久造型定	200毫升	瓶
7	2022/4/18	D-0009	线上	美臣个护	丝婷®保湿顺发喷	200毫升	瓶
8	2022/4/17	H-0002	线上	美臣家洁	柔白•洗衣液	1升	瓶
9	2022/4/11	H-0002	线上	美臣家洁	碟新•浓缩洗洁精	1升	瓶
10	2022/4/13	G-0007	线上	美臣养颜	VC 大	225片/190克	瓶
11	2022/4/9	B-0002	线上	欧兰丽	洗面奶	30ml	瓶
12	2022/4/11	B-0001	线上	欧兰丽	细胞再生因子补给	0	盒
13	2022/4/11	A-0002	线上	姿然	微脂囊全效明眸眼	15ml	瓶
14	2022/4/12	A-0004	线上	姿然	晒后护理霜	30ml	瓶
15	2022/4/11	A-0002	线上	姿然	微脂囊全效明眸眼	15ml	瓶
16	2022/4/18	A-0004	线上	姿然	晒后护理霜	30ml	瓶
17	2022/4/11	C-0002	线上	自然相宜	去粉刺套装	0	套

图5-87

❺单击"确定"按钮执行第一次汇总。

❻再次打开"分类汇总"对话框，在"分类字段"下拉列表框中选择"品牌"，在"汇总方式"下拉列表框中选择"求和"，在"选定汇总项"列表框中选择"销售金

额"。取消勾选"替换当前分类汇总"复选框,如图5-89
所示。

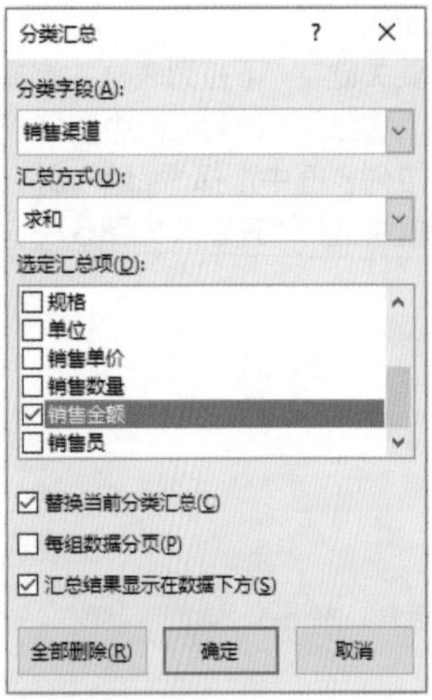

图5-88

❼单击"确定"按钮返回表格,即可得到统计结果,
如图5-90所示。

图5-89

经验之谈

在使用"排序"对话框执行多字段排序时,完成一次
分类汇总之后,需要取消勾选"替换当前分类汇总"复
选框,否则会自动默认覆盖之前设置好的分类汇总结果。

	A	B	C	D	E	F	G	H	I	J	K
1	日期	编码	销售渠道	品牌	产品名称	规格	单位	销售单价	销售数量	销售金额	销售员
2	2022/4/10	E-0010	线上	美臣辅销品	雅姿·化妆笔刨	0	个	32	7	224	肖雅云
3	2022/4/15	E-0010	线上	美臣辅销品	雅姿·化妆笔刨	0	个	35	12	420	吴爱君
4	2022/4/17	E-0010	线上	美臣辅销品	雅姿·化妆笔刨	0	个	30	5	150	徐丽
5				美臣辅销品 汇总						794	
6	2022/4/13	D-0001	线上	美臣个护	丝婷®深层修护润	240毫升	瓶	120	10	1200	唐雨雯
7	2022/4/14	D-0010	线上	美臣个护	丝婷®持久造型定	200毫升	瓶	65	5	325	徐丽
8	2022/4/18	D-0009	线上	美臣个护	丝婷®保湿顺发喷	200毫升	瓶	100	9	900	徐丽
9				美臣个护 汇总						2425	
10	2022/4/17	H-0002	线上	美臣家洁	丝白·洗衣液	1升	瓶	75	2	150	唐雨雯
11	2022/4/18	H-0001	线上	美臣家洁	碟新·浓缩洗洁精	1升	瓶	41.3	3	123.9	肖雅云
12				美臣家洁 汇总						273.9	
13	2022/4/13	G-0007	线上	美臣养颜	VC 大	225片/190克	瓶	252	4	1008	吴爱君
14				美臣养颜 汇总						1008	
15	2022/4/9	B-0002	线上	欧兰丽	洗面奶	30ml	瓶	62	10	620	叶伊琳
16	2022/4/11	B-0001	线上	欧兰丽	细胞再生因子补给	0	盒	130	9	1170	叶伊琳
17				欧兰丽 汇总						1790	
18	2022/4/11	A-0002	线上	姿然	微脂囊全效明眸眼	15ml	瓶	168	5	840	叶伊琳
19	2022/4/12	A-0004	线上	姿然	晒后护理霜	30ml	瓶	190	9	1710	肖雅云
20	2022/4/17	A-0002	线上	姿然	微脂囊全效明眸眼	15ml	瓶	160	10	1600	唐雨雯
21	2022/4/18	A-0004	线上	姿然	晒后护理霜	30ml	瓶	195	5	975	肖雅云
22				姿然 汇总						5125	
23	2022/4/11	C-0002	线上	自然相宜	去粉刺套装	0	套	288	2	576	吴爱君
24	2022/4/13	C-0002	线上	自然相宜	去粉刺套装	0	套	280	5	1400	徐丽
25				自然相宜 汇总						1976	
26			线上 汇总							13391.9	
27	2022/4/15	E-0005	线下	美臣辅销品	营养餐盒	0	个	5	8	40	肖雅云
28	2022/4/16	E-0011	线下	美臣辅销品	雅姿·两用粉饼盒	0	件	190	8	1520	肖雅云
29				美臣辅销品 汇总						1560	

图5-90

5.3.4 按级别显示分类汇总结果

执行分类汇总之后，会在表格左上角出现几个数字标签按钮，数字标签按钮的数量是根据执行的分类汇总次数决定的，通过单击不同的数字标签可以显

扫一扫 看视频

示和隐藏汇总及明细数据。

❶单击数字2标签，如图5-91所示。

❷此时可以看到已隐藏了所有明细数据，只显示平均值汇总结果，如图5-92所示。

	A	B	C	D	E	F	G	H	I	J	K	L	M
1	日期	编码	销售渠道	品牌	产品名称	规格	单位	销售单价	销售数量	销售金额	销售员		
2	2022/4/10	E-0010	线上	美臣辅销品	雅姿•化妆笔刨	0	个	32	7	224	肖雅云		
3	2022/4/15	E-0005	线下	美臣辅销品	营养餐盒	0	个	5	8	40	肖雅云		
4	2022/4/15	E-0010	线下	美臣辅销品	雅姿•化妆笔刨	0	个	35	12	420	吴爱君		
5	2022/4/16	E-0011	线下	美臣辅销品	雅姿•两用粉饼盒	0	件	190	8	1520	肖雅云		
6	2022/4/17	E-0010	线上	美臣辅销品	雅姿•化妆笔刨	0	个	30	5	150	徐丽		
7				美臣辅销品 平均值						470.8			
8	2022/4/9	D-0001	线下	美臣个护	丝婷®深层修护润	240毫升	瓶	115	12	1380	唐雨雯		
9	2022/4/9	D-0008	线上	美臣个护	丽齿健•浓缩漱口	50毫升	瓶	117.5	11	1292.5	唐雨雯		
10	2022/4/11	D-0001	线下	美臣个护	丝婷®深层修护润	240毫升	瓶	120	5	600	叶伊琳		
11	2022/4/13	D-0001	线下	美臣个护	丝婷®深层修护润	240毫升	瓶	120	10	1200	唐雨雯		
12	2022/4/14	D-0010	线上	美臣个护	丝婷®持久造型定	200毫升	瓶	65	5	325	徐丽		
13	2022/4/18	D-0009	线上	美臣个护	丝婷®保湿顺发喷	200毫升	瓶	100	5	500	徐丽		
14				美臣个护 平均值						949.58333			
15	2022/4/17	H-0002	线上	美臣家洁	丝白•洗衣液	1升	瓶	75	2	150	唐雨雯		
16	2022/4/18	H-0001	线下	美臣家洁	碟新•浓缩洗洁精	1升	瓶	41.3	3	123.9	肖雅云		
17	2022/4/18	H-0001	线下	美臣家洁	碟新•浓缩洗洁精	1升	瓶	41.3	5	206.5	肖雅云		
18	2022/4/18	H-0002	线下	美臣家洁	丝白•洗衣液	1升	瓶	75	5	375	唐雨雯		
19				美臣家洁 平均值						213.85			
20	2022/4/13	G-0007	线上	美臣养颜	VC 大	225片/190克	瓶	252	4	1008	吴爱君		
21	2022/4/14	G-0002	线下	美臣养颜	VB 小	90片/47克	瓶	127.5	13	1657.5	吴爱君		
22				美臣养颜 平均值						1332.75			

图5-91

	A	B	C	D	E	F	G	H	I	J	K
1	日期	编码	销售渠道	品牌	产品名称	规格	单位	销售单价	销售数量	销售金额	销售员
7				美臣辅销品 平均值						470.8	
14				美臣个护 平均值						949.58333	
19				美臣家洁 平均值						213.85	
22				美臣养颜 平均值						1332.75	
27				欧兰丽 平均值						790	
33				姿然 平均值						1421	
38				自然相宜 平均值						984	
39				总计平均值						859.11333	
40											
41											

图5-92

5.3.5 复制分类汇总结果

许多用户在使用分类汇总以后，希望能够把汇总结果复制到其他工作表中，但是在将汇总项的数据列表进行复制并粘贴到其他工作表中时，发现明细数据也被复制了。如果只需复制汇总结果，可按如下步骤进行操作。

扫一扫 看视频

❶选中分类汇总结果数据区域，按F5键，打开"定

位"对话框。单击"定位条件"按钮，打开"定位条件"对话框，选中"可见单元格"单选按钮，如图5-93所示。单击"确定"按钮即可选中所有可见单元格，如图5-94所示。

❷按Ctrl+C组合键，定位想复制到的目标位置，单击"开始"选项卡的"剪贴板"组中的"粘贴"下拉按钮，在下拉列表中选择"值"选项(见图5-95)，即可将统计结果粘贴并转换为数值。

❸重新整理表格数据，即可得到想要的统计结果，如图5-96所示。

图5-93

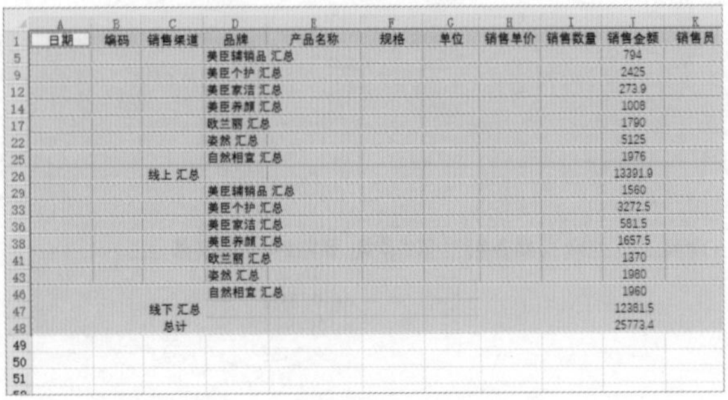

图5-94

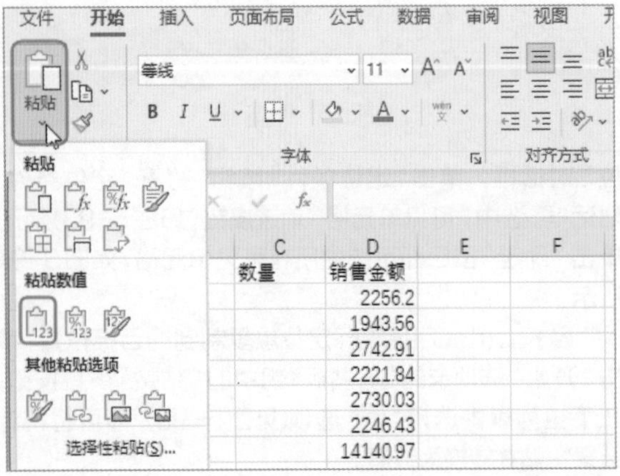

图5-95

	A	B	C	D
1	销售渠道	品牌	销售金额	
2		美臣辅销品	794	
3		美臣个护	2425	
4		美臣家洁	273.9	
5	线上	美臣养颜	1008	
6		欧兰丽	1790	
7		姿然	5125	
8		自然相宜	1976	
9	线上 汇总		13391.9	
10		美臣辅销品	1560	
11		美臣个护	3272.5	
12		美臣家洁	581.5	
13	线下	美臣养颜	1657.5	
14		欧兰丽	1370	
15		姿然	1980	
16		自然相宜	1960	
17	线下 汇总		12381.5	

图5-96

经验之谈

在选择要复制到的起始位置时，一般需要选择复制到另一张工作表中，并且为保持复制区域与粘贴区域的大小相同，必须选择A列中的任意单元格，否则会弹出错误提示信息。可以在将汇总结果成功转换为值之后，再任意移动到其他想使用的位置上。

5.4 合并计算

"合并计算"功能是将多个区域中的值合并计算到一个新区域中。例如，将各月销售数据、库存数据等分别存放于不同的工作表中，当进行季度或全年合计计算时，可以利用"合并计算"功能快速完成合并计算。

5.4.1 按位置合并计算

扫一扫 看视频

当需要合并计算的数据存放的位置相同（顺序和位置均相同）时，可以按位置进行合并计算。

图5-97~图5-99所示为各产品每月的销售记录表，这三张工作表的结构相同。现在需要根据现有的数据建立一张汇总表格，将三张表格中的销售金额进行汇总，得到每个产品的总销售金额，此时可以使用"合并计算"功能实现。

图5-97

	A	B	C
1	类别	产品名称	销售金额
2		充电式吸剪打毛器	218.9
3		迷你小吹风机	2170
4	吹风机	学生静音吹风机	1055.7
5		大功率家用吹风机	1192
6		负离子吹风机	1799
7		发廊专用大功率	419.4
8		家用挂烫机	997.5
9		手持式迷你挂烫机	548.9
10	熨斗	学生旅行熨斗	295
11		大功率熨烫机	198
12		吊瓶式电熨斗	358

1月 2月 3月

图5-97

	A	B	C
1	类别	产品名称	销售金额
2		充电式吸剪打毛器	163.9
3		迷你小吹风机	458.7
4	吹风机	学生静音吹风机	3540
5		大功率家用吹风机	1078.2
6		负离子吹风机	785.3
7		发廊专用大功率	657.7
8		家用挂烫机	308
9		手持式迷你挂烫机	463.1
10	熨斗	学生旅行熨斗	217
11		大功率熨烫机	2105
12		吊瓶式电熨斗	364

1月 2月 3月

图5-98

	A	B	C
1	类别	产品名称	销售金额
2		充电式吸剪打毛器	300.9
3		迷你小吹风机	758.3
4	吹风机	学生静音吹风机	1857
5		大功率家用吹风机	812.8
6		负离子吹风机	1223.4
7		发廊专用大功率	423.2
8		家用挂烫机	312.4
9		手持式迷你挂烫机	635
10	熨斗	学生旅行熨斗	214
11		大功率熨烫机	1045.2
12		吊瓶式电熨斗	612

1月 2月 3月

图5-99

❶新建一张工作表，重命名为"季度合计"，建立基本数据。选中B2单元格，单击"数据"选项卡的"数据工具"组中的"合并计算"按钮(见图5-100)，打开"合并计算"对话框，如图5-101所示。

图5-100

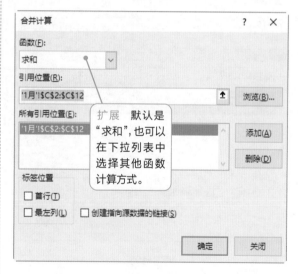

图5-101

❷在"函数"下拉列表框中使用默认的"求和"函数，将光标定位到"引用位置"框中，单击右侧的按钮回到工作表中，切换到"1月"工作表中选择待计算的C2:C12单元格区域(注意不要选中列标题)，如图5-102所示。

❸选择单元格区域后单击按钮回到"合并计算"

对话框中，单击"添加"按钮即可添加第一个计算区域，如图5-103所示。

图5-102

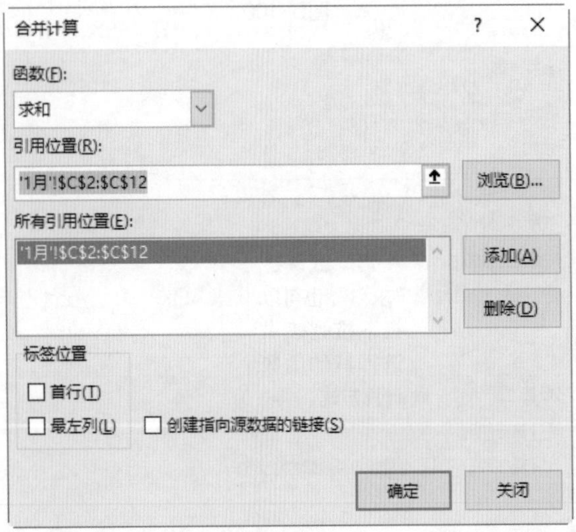

图5-104

图5-103

❹再次将光标定位到"引用位置"框中，单击右侧的 ⬆ 按钮回到工作表中，按照相同的方法依次将"2月"工作表中的C2:C12单元格区域、"3月"工作表中的C2:C12单元格区域都添加为计算区域，如图5-104所示。

❺单击"确定"按钮可以看到"季度合计"工作表中显示了合并计算后的结果，如图5-105所示。

图5-105

经验之谈

如果希望合并计算的结果随着原数据的更改而自动更改，则需要在"合并计算"对话框中勾选"创建指向源数据的链接"复选框。

5.4.2 按类别合并计算

扫一扫 看视频

在使用"合并计算"功能时，只限于表格结构完全相同的情况，即对多张表格同一位置上的数据进行计算。如果数据结构并非完全相同，如数据记录顺序不同、条目不完全相同,此时需要按类别进行合并计算。

对于图5-106和图5-107所示的两张表格,产品的名称有相同的,也有不同的,显示顺序也不尽相同,现在要对这两张表格进行汇总,得到的结果是:只要有相同的名称,无论它在什么位置都能找到并对其进行合并计算。如果有些名称不是每张表格中都有的,也会被列出来,计算结果就是与0相加的结果,使得到的是一个完整的多表合并统计后的结果。

	A	B	C
1	产品名称	销售数量	销售金额
2	时尚流苏短靴	5	890
3	侧拉时尚长筒靴	15	2385
4	韩版百搭透气小白鞋	8	1032
5	韩版时尚内增高小白鞋	4	676
6	时尚流苏短靴	15	1485
7	贴布刺绣中筒靴	10	1790
8	韩版过膝磨砂长靴	5	845
9	英伦风切尔西靴	8	1112
10	复古雕花擦色单靴	10	1790
11	侧拉时尚长筒靴	6	954
12	磨砂格子女靴	4	276
13	韩版时尚内增高小白鞋	6	1014
14	贴布刺绣中筒靴	4	716
15	简约百搭小皮靴	10	1490
16	真皮百搭系列	2	318
17	韩版过膝磨砂长靴	4	676
18	真皮百搭系列	12	1908
19	简约百搭小皮靴	5	745
20	侧拉时尚长筒靴	6	954

图5-106

	A	B	C
1	产品名称	销售数量	销售金额
2	甜美花朵女靴	10	900
3	时尚流苏短靴	5	890
4	韩版百搭透气小白鞋	8	1032
5	韩版时尚内增高小白鞋	4	676
6	时尚流苏短靴	15	1485
7	韩版过膝磨砂长靴	5	845
8	时尚流苏短靴	10	1890
9	韩版过膝磨砂长靴	5	845
10	英伦风切尔西靴	4	556
11	甜美花朵女靴	5	450
12	贴布刺绣中筒靴	15	2685
13	侧拉时尚长筒靴	8	1272
14	英伦风切尔西靴	5	695
15	韩版百搭透气小白鞋	12	1548
16	甜美花朵女靴	10	900
17	韩版过膝磨砂长靴	4	676
18	侧拉时尚长筒靴	6	954
19	潮流亮片女靴	5	540
20			

图5-107

❶新建一张工作表,用于显示合并计算的结果。建立表格的标题,选中A2单元格,单击"数据"选项卡的"数据工具"组中的"合并计算"按钮(见图5-108),打开"合并计算"对话框。

❷单击"引用位置"右侧的按钮(见图5-109),返回到"销售单1"工作表中选中A2:C20单元格区域,如图5-110所示。

图5-108

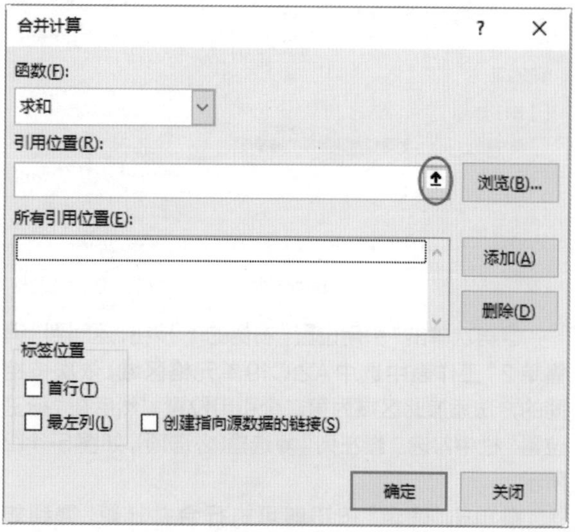

图5-109

Word+Excel+PPT+思维导图+PS+钉钉+甘特图+电脑加速：
职场办公视频教程8合1

❸单击🔲按钮返回"合并计算"对话框中，单击"添加"按钮，将选择的引用位置添加到"所有引用位置"列表框中，如图5-111所示。

	A	B	C	D	E
2	时尚流苏短靴	5	890		
3	侧拉时尚长筒靴	15	2385		
4	韩版百搭透气小白鞋	8	1032		
5	韩版时尚内增高小白鞋	4	676		
6	时尚流苏短靴	15	1485		
7	贴布刺绣中筒靴	10	1790		
10	销售单1!$A$2:$C$20				
11	侧拉时尚长筒靴	6	954		
12	磨砂格子女靴	4	276		
13	韩版时尚内增高小白鞋	6	1014		
14	贴布刺绣中筒靴	4	716		
15	简约百搭小皮靴	10	1490		
16	真皮百搭系列	2	318		
17	韩版过膝磨砂长靴	4	676		
18	真皮百搭系列	12	1908		
19	简约百搭小皮靴	5	745		

图5-110

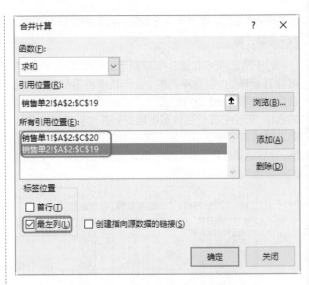

图5-111

图5-112

❹再次单击"引用位置"右侧的按钮，返回到"销售单2"工作表中选中A2:C19单元格区域，依次按相同的方法添加此区域为第二个引用位置。然后在"标签位置"栏中勾选"最左列"复选框(必选项)，如图5-112所示。

❺单击"确定"按钮即可执行合并计算，得到如图5-113所示的统计结果。

	A	B	C	D
1	产品名称	销售数量	销售金额	
2	甜美花朵女靴	25	2250	
3	时尚流苏短靴	50	6640	
4	侧拉时尚长筒靴	41	6519	
5	韩版百搭透气小白鞋	28	3612	
6	韩版时尚内增高小白鞋	14	2366	
7	贴布刺绣中筒靴	29	5191	
8	韩版过膝磨砂长靴	23	3887	
9	英伦风切尔西靴	17	2363	
10	复古雕花擦色单靴	10	1790	
11	磨砂格子女靴	4	276	
12	简约百搭小皮靴	15	2235	
13	真皮百搭系列	14	2226	
14	潮流亮片女靴	5	540	

图5-113

5.4.3 更改合并计算的函数（求平均值）

"合并计算"功能并不是只能进行求和运算，还可以求平均值、计数、计算标准偏差等。

图5-114和图5-115所示的表格是产品在线上和线下两种渠道的销量记录，现在需要统计出各产品的平均销量，也可以通过"合并计算"功能实现。

82

	A	B	C
1	编号	产品名称	销量
2	001	碧根果	210
3	002	夏威夷果	265
4	003	开口松子	218
5	004	奶油瓜子	168
6	005	紫薯花生	120
7	006	山核桃仁	155
8	007	炭烧腰果	185
9	008	芒果干	116
10	009	草莓干	106
11	010	猕猴桃干	106
12	011	柠檬干	66
13	012	和田小枣	180
14	013	黑加仑葡萄干	280
15	014	蓝莓干	108
16	015	奶香华夫饼	248
17	016	蔓越莓曲奇	260
18	017	爆米花	150
19	018	美式脆薯	100

线上 线下

图5-114

	A	B	C
1	编号	产品名称	销量
2	001	碧根果	278
3	002	夏威夷果	329
4	003	开口松子	108
5	004	奶油瓜子	70
6	005	紫薯花生	67
7	006	山核桃仁	168
8	007	炭烧腰果	62
9	008	芒果干	333
10	009	草莓干	69
11	010	猕猴桃干	53
12	011	柠檬干	36
13	012	和田小枣	43
14	013	黑加仑葡萄干	141
15	014	蓝莓干	32
16	015	奶香华夫饼	107
17	016	蔓越莓曲奇	33
18	017	爆米花	95
19	018	美式脆薯	20

线上 线下

图5-115

❶新建一张工作表,用于显示合并计算的结果。建立表格的标题,选中B2单元格,单击"数据"选项卡的"数据工具"组中的"合并计算"按钮(见图5-116),打开"合并计算"对话框。

❷单击"函数"下拉按钮,在打开的下拉列表中选择"平均值"选项,如图5-117所示。

图5-116

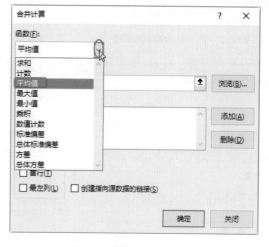

图5-117

❸单击"引用位置"右侧的 ⬇ 按钮,切换到"线上"工作表中选取数据区域,如图5-118所示。

	A	B	C	D	E	F	G
2	001	碧根果	210				
3	002	夏威夷果	265				
4	003	开口松子	218				
5	004	奶油瓜子	168				
6	005	紫薯花生	120				
7	006	山核桃仁	155				
8	007	炭烧腰果					
9	008	芒果					
10	009	草莓					
11	010	猕猴桃干	106				
12	011	柠檬干	66				
13	012	和田小枣	180				
14	013	黑加仑葡萄干	280				

合并计算 - 引用位置: 线上!$B$2:$C$24

线上 线下 平均销量

图5-118

第2篇 Excel篇

❹单击 ⬜ 按钮返回到"合并计算"对话框中，再单击"添加"按钮，将引用的位置添加到"所有引用位置"列表框中，如图5-119所示。

❺按照相同的方法，将"线下"工作表中的数据区域添加到"所有引用位置"列表框中，在"标签位置"栏中勾选"最左列"复选框，如图5-120所示。

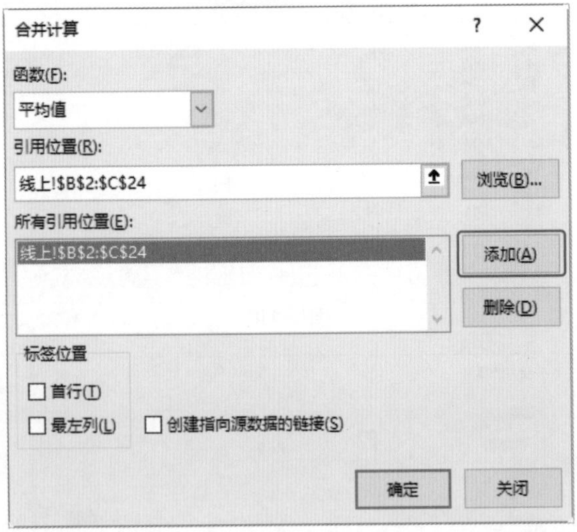

图5-119

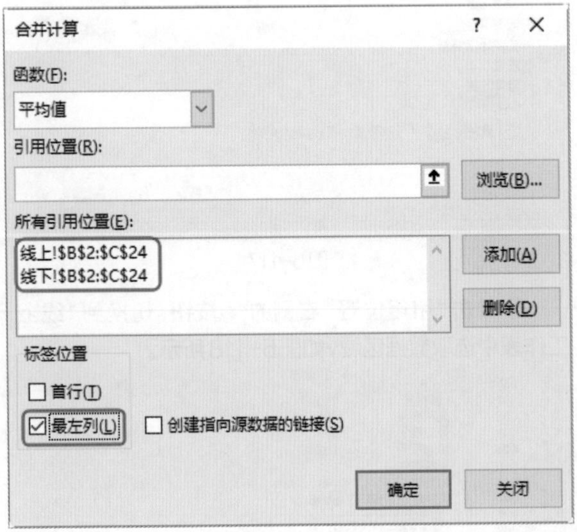

图5-120

❻单击"确定"按钮，即可合并两张表格中的数据，对各产品进行求平均值的合并计算，得到如图5-121所示的结果。

	A	B	C	D	E
1	编号	产品名称	平均销量		
2	001	碧根果	244		
3	002	夏威夷果	297		
4	003	开口松子	163		
5	004	奶油瓜子	119		
6	005	紫馨花生	93.5		
7	006	山核桃仁	161.5		
8	007	炭烧腰果	123.5		
9	008	芒果干	224.5		
10	009	草莓干	87.5		
11	010	猕猴桃干	79.5		
12	011	柠檬干	51		
13	012	和田小枣	111.5		
14	013	黑加仑葡萄干	210.5		
15	014	蓝莓干	70		

线上　线下　平均销量

图5-121

5.5　函数应用

公式是Excel工作表中进行数据计算的等式，以"="开头，如"=1+2+3+4+5"就是一个公式。但是仅用表达式的公式只能进行简单的计算，要想完成特殊的计算或进行较为复杂的数据计算，必须使用函数。加、减、乘、除等运算，只需要将运算符号和单元格地址相结合，就能进行计算。

5.5.1 函数类别

扫一扫 看视频

不同的函数可以达到不同的计算目的，Excel中提供了300多个内置函数，可以满足不同的计算需求，这些函数被划分为多个类别。

❶在"公式"选项卡的"函数库"组中显示了多个不同的函数类别，单击相关函数类别可以查看该类别下所有的函数(按字母顺序排列)，如图5-122所示。

❷当前想使用的函数是日期和时间函数中的DAYS360函数，单击"日期和时间"下方的下拉按钮，在打开的下拉列表中选择DAYS360，打开"函数参数"对话框(见图5-123)，在此对话框中完成此函数的参数设置。

图5-122

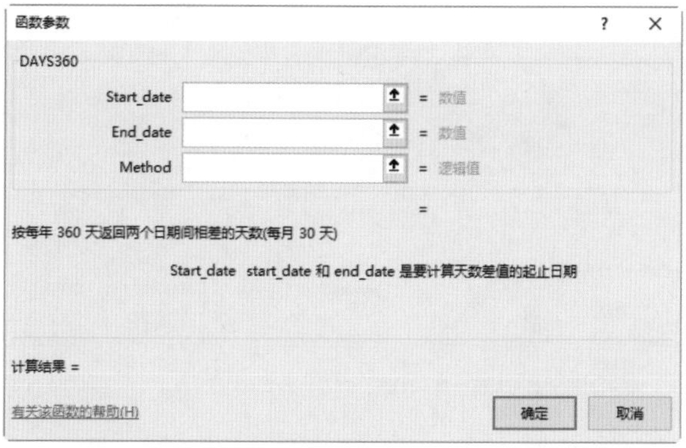

图5-123

5.5.2 函数运算

利用函数进行运算一般有两种方式：一种是利用"函数参数"向导对话框逐步设置参数；另一种是当对函数的参数设置较为熟练时，可以直接在编辑栏中完成公式的输入。

扫一扫 看视频

>>>1. 单个函数运算

❶ 选中目标单元格，单击公式编辑栏前的 *fx* 按钮(见图5-124)，打开"插入函数"对话框，在"选择函数"列表框中选择AVERAGEIF函数，如图5-125所示。

❷ 单击"确定"按钮，打开"函数参数"对话框，将光标定位到第一个参数设置框中，在下方可看到此参数的设置说明，如图5-126所示。

	A	B	C	E
1	班级	姓名	英语	高一(3)班平均分
2	高一(3)班	刘成军	98	
3	高一(3)班	李献	78	
4	高一(1)班	唐颖	80	
5	高一(3)班	魏晓丽	90	
6	高一(2)班	肖周文	64	
7	高一(3)班	翟雨欣	85	
8	高一(3)班	张宏良	72	
9	高一(1)班	张明	98	
10	高一(1)班	周逆风	75	
11	高一(2)班	李兴	65	

图5-124

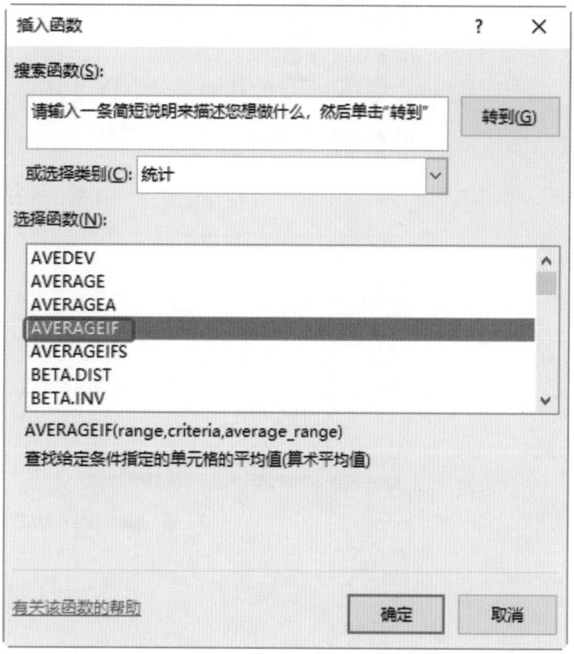

图5-125

AVERAGEIF(range,criteria,average_range)
查找给定条件指定的单元格的平均值(算术平均值)

图5-126

❸单击右侧的 ⬆ 按钮，回到数据表中，使用鼠标拖动选择数据表中的单元格区域作为参数(见图5-127)，释放鼠标后单击 ⬇ 按钮返回，即可得到要设置的第一个参数，如图5-128所示。

图5-127

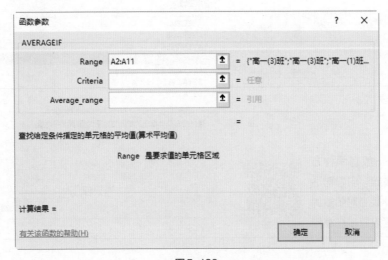

图5-128

❹将光标定位到第二个参数设置框中，可看到相应的设置说明，手动编辑第二个参数，如图5-129所示。

❺将光标定位到第三个参数设置框中，单击右侧的📤按钮，回到数据表中，使用鼠标拖动选择数据表中的单元格区域作为参数(见图5-130)，释放鼠标后单击📥按钮返回"函数参数"对话框中，即可得到第三个参数，如图5-131所示。

❻单击"确定"按钮后，即可得到公式的计算结果，如图5-132所示。

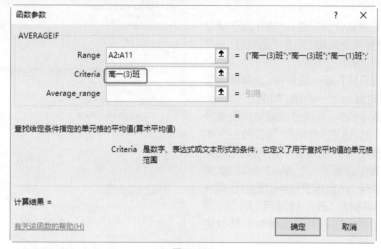

图5-129

图5-130

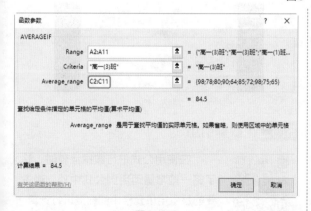

图5-131

图5-132

关闭"函数参数"对话框后，可以看到编辑栏中显示

第2篇 Excel 篇

出了完整的公式。因此，如果对这个函数的参数比较了解，则不必打开"函数参数"对话框，直接在编辑栏中编辑即可。编辑时需要注意的是，参数是引用区域时就利用鼠标拖动选取，是常量或表达式时就手动输入，各参数间用英文半角逗号间隔。

>>>2. 函数嵌套运算

为解决一些复杂的数据计算问题，不能仅限于单个函数的使用，更多的时候需要嵌套使用多个函数，让一个函数的返回值作为另一个函数的参数。

例如，默认IF函数只能判断一项条件，当条件满足时返回某值，不满足时返回另一个值，如图5-133所示，当要求一次判断两个条件，即理论成绩与实践成绩必须同时满足">80"时，返回"合格"；只要有一个不满足，就返回"不合格"。单独使用一个IF函数无法实现判断，此时在IF函数中嵌套了一个AND函数判断两个条件是否都满足。AND函数用于判断给定的所有条件是否都为"真"（如果都为"真"，就返回TRUE，否则返回FALSE），然后使用它的返回值作为IF函数的第一个参数。

图5-133

经验之谈

函数类别众多，要想把每个函数都用好，绝非一朝一夕之功，因此对于初学者来说，当不了解某个函数的用法时，可以使用Excel帮助来辅助学习。

在"插入函数"对话框的"选择函数"列表框中选择函数后（如COUNTIF），单击对话框左下角的"有关该函数的帮助"链接（见图5-134），即可进入"Microsoft Excel帮助"窗口，该窗口中显示了该函数的作用、语法及使用示例（向下滑动窗口可以看到），如图5-135所示。

图5-134

图5-135

5.5.3 数据引用

扫一扫 看视频

在使用公式进行数据运算时，除了将一些常量运用到公式中外，最主要的是引用单元格中的数据进行计算，称之为对数据源的引用。在引用数据源计算时可以采用相对引用方式，也可以采用绝对引用方式，还可以引用其他工作表或工作簿中的数据。本小节将分别介绍几种数据源的引用方式。

>>>**1. 相对引用**

在公式运算中必然需要对单元格地址进行引用。单元格地址的引用方式包括相对引用和绝对引用，在不同的应用场合需要使用不同的引用方式。在编辑公式时，当选择某个单元格或单元格区域参与运算时，其默认的引用方式是相对引用方式，显示为A1、A2:B2这种形式。采用相对引用方式的数据源，当将公式复制到其他位置时，公式中的单元格地址会随之改变。

❶选中E2单元格，在公式编辑栏中输入公式"=(D2-C2)/C2"，按Enter键即可计算出商品"天之蓝"的利润率，如图5-136所示。

❷建立首个公式后需要通过复制公式批量计算出其他商品的利润率。选中E2单元格，拖动右下角的填充柄至E11单元格，即可计算出其他商品的利润率，如图5-137所示。

E2		fx	=(D2-C2)/C2	
	A序号	B品名	C进货价格	D销售价格	E利润率
1	序号	品名	进货价格	销售价格	利润率
2	1	天之蓝	290.00	418.00	44.14%
3	2	迎驾之星	105.30	188.00	
4	3	五粮春	158.60	248.00	
5	4	新开元	106.00	198.50	
6	5	润原液	98.00	156.00	

图5-136

	A	B	C	D	E	F
1	序号	品名	进货价格	销售价格	利润率	
2	1	天之蓝	290.00	418.00	44.14%	
3	2	迎驾之星	105.30	188.00	78.54%	
4	3	五粮春	158.60	248.00	56.37%	
5	4	新开元	106.00	198.50	87.26%	
6	5	润原液	98.00	156.00	59.18%	
7	6	四开国缘	125.00	231.00	84.80%	
8	7	新品兰十	56.00	104.00	85.71%	
9	8	今世缘兰	89.00	149.00	67.42%	
10	9	珠江金小麦	54.00	90.00	66.67%	
11	10	张裕赤霞珠	73.70	146.00	98.10%	

图5-137

下面看一下复制公式后单元格的引用情况。选中E5单元格，在公式编辑栏中显示该单元格的公式为"=(D5-C5)/C5"，如图5-138所示；选中E9单元格，在公式

编辑栏中显示该单元格的公式为"=(D9-C9)/C9"，如图5-139所示。

E5		fx	=(D5-C5)/C5	
	A	B	C	D	E
1	序号	品名	进货价格	销售价格	利润率
2	1	天之蓝	290.00	418.00	44.14%
3	2	迎驾之星	105.30	188.00	78.54%
4	3	五粮春	158.60	248.00	56.37%
5	4	新开元	106.00	198.50	87.26%
6	5	润原液	98.00	156.00	59.18%
7	6	四开国缘	125.00	231.00	84.80%
8	7	新品兰十	56.00	104.00	85.71%
9	8	今世缘兰	89.00	149.00	67.42%
10	9	珠江金小麦	54.00	90.00	66.67%
11	10	张裕赤霞珠	73.70	146.00	98.10%

图5-138

E9		fx	=(D9-C9)/C9	
	A	B	C	D	E
1	序号	品名	进货价格	销售价格	利润率
2	1	天之蓝	290.00	418.00	44.14%
3	2	迎驾之星	105.30	188.00	78.54%
4	3	五粮春	158.60	248.00	56.37%
5	4	新开元	106.00	198.50	87.26%
6	5	润原液	98.00	156.00	59.18%
7	6	四开国缘	125.00	231.00	84.80%
8	7	新品兰十	56.00	104.00	85.71%
9	8	今世缘兰	89.00	149.00	67.42%
10	9	珠江金小麦	54.00	90.00	66.67%
11	10	张裕赤霞珠	73.70	146.00	98.10%

图5-139

经验之谈

通过对比E2、E5、E9单元格的公式可以发现，当向下复制E2单元格的公式时，采用相对引用的数据源也发生了相应的变化，这正是计算其他产品利润率时所需要的正确公式（复制公式是批量建立公式求值的一个常见的方法，有效避免了逐一输入公式的烦琐程序）。

>>>**2. 绝对引用**

绝对引用是指把公式移动或复制到其他单元格时，公式的引用位置保持不变。判断公式中使用了哪种引用方式的方法很简单，它们的区别就在于单元格地址前面是否有"$"符号。"$"符号表示"锁定"，添加了"$"符

号的引用方式就是绝对引用。

如图5-140所示的"培训成绩表"，在E2单元格中输入公式"=$C$2+$D$2"计算该员工的总成绩，按Enter键即可得到计算结果。向下填充E2单元格中的公式，得到图5-141所示的结果，可以看到所有的单元格得到的结果相同，没有变化。

E2		✕ ✓ ƒx	=$C$2+$D$2	
	A	B	C	D	E
1	编号	姓名	营销策略	专业技能	总成绩
2	RY1-1	刘志飞	87	79	166
3	RY1-2	何许诺	90	88	
4	RY1-3	崔娜	77	81	
5	RY1-4	林成瑞	90	88	
6	RY1-5	童磊	92	88	
7	RY2-1	高攀	88	80	
8	RY2-2	陈佳佳	79	85	
9	RY2-3	陈怡	82	84	
10	RY2-4	周蓓	83	83	
11	RY2-5	夏慧	90	88	
12	RY3-1	韩燕	81	82	
13	RY3-2	刘江波	82	81	
14	RY3-3	王磊	84	88	
15	RY3-4	郝艳艳	82	83	
16	RY3-5	陶莉莉	82	83	

图5-140

	A	B	C	D	E
1	编号	姓名	营销策略	专业技能	总成绩
2	RY1-1	刘志飞	87	79	166
3	RY1-2	何许诺	90	88	166
4	RY1-3	崔娜	77	81	166
5	RY1-4	林成瑞	90	88	166
6	RY1-5	童磊	92	88	166
7	RY2-1	高攀	88	80	166
8	RY2-2	陈佳佳	79	85	166
9	RY2-3	陈怡	82	84	166
10	RY2-4	周蓓	83	83	166
11	RY2-5	夏慧	90	88	166
12	RY3-1	韩燕	81	82	166
13	RY3-2	刘江波	82	81	166
14	RY3-3	王磊	84	88	166
15	RY3-4	郝艳艳	82	83	166
16	RY3-5	陶莉莉	82	83	166
17					

图5-141

分别查看其他单元格中的公式，可以看到E3单元格中的公式是"=$C$2+$D$2"，如图5-142所示；E7单元格中的公式是"=$C$2+$D$2"，如图5-143所示。

E3		✕ ✓ ƒx	=$C$2+$D$2	
	A	B	C	D	E
1	编号	姓名	营销策略	专业技能	总成绩
2	RY1-1	刘志飞	87	79	166
3	RY1-2	何许诺	90	88	166
4	RY1-3	崔娜	77	81	166
5	RY1-4	林成瑞	90	88	166
6	RY1-5	童磊	92	88	166
7	RY2-1	高攀	88	80	166
8	RY2-2	陈佳佳	79	85	166
9	RY2-3	陈怡	82	84	166
10	RY2-4	周蓓	83	83	166
11	RY2-5	夏慧	90	88	166
12	RY3-1	韩燕	81	82	166

图5-142

E7		✕ ✓ ƒx	=$C$2+$D$2	
	A	B	C	D	E
1	编号	姓名	营销策略	专业技能	总成绩
2	RY1-1	刘志飞	87	79	166
3	RY1-2	何许诺	90	88	166
4	RY1-3	崔娜	77	81	166
5	RY1-4	林成瑞	90	88	166
6	RY1-5	童磊	92	88	166
7	RY2-1	高攀	88	80	166
8	RY2-2	陈佳佳	79	85	166
9	RY2-3	陈怡	82	84	166
10	RY2-4	周蓓	83	83	166
11	RY2-5	夏慧	90	88	166
12	RY3-1	韩燕	81	82	166

图5-143

因为所有的公式都一样，所以计算结果也一样，这就是绝对引用，不会随着位置的改变而改变公式中引用的单元格的地址。

显然，在上面的这种情况下使用绝对引用方式是不合理的，那么哪种情况需要使用绝对引用方式呢？

在图5-144所示的表格中，当计算各个部门的销售额占总销售额的百分比时，首先在D2单元格中输入公式"=C2/SUM(C2:C8)"来计算第一个销售员的销售额占总销售额的百分比。

　　向下填充公式到D3单元格时,得到的就是错误的计算结果(除数的计算区域发生了变化),如图5-145所示。

D2			f_x	=C2/SUM(C2:C8)
	A	B	C	D
1	序号	销售人员	销售额	占总销售额的比
2	1	杨佳丽	13554	15.90%
3	2	张瑞煊	10433	
4	3	张启云	9849	
5	4	唐小军	11387	
6	5	韩晓生	10244	
7	6	周志明	15433	
8	7	夏甜甜	14354	

图5-144

D3			f_x	=C3/SUM(C3:C9)
	A	B	C	D
1	序号	销售人员	销售额	占总销售额的比
2	1	杨佳丽	13554	15.90%
3	2	张瑞煊	1043	14.55%
4	3	张启云	9849	
5	4	唐小军	11387	
6	5	韩晓生	10244	
7	6	周志明	15433	
8	7	夏甜甜	14354	

图5-145

　　这是因为除数是总销售额,即SUM(C2:C8)是个定值,而我们采用了相对引用的方式,使得在填充公式时,单元格的引用位置发生了变化,这一部分的求和区域就需要使用绝对引用方式。

　❶选中D2单元格,在公式编辑栏中输入公式"=C2/SUM($C$2:$C$8)",如图5-146所示。被除数(各销售员的销售额)使用相对引用,除数(总销售额)使用绝对引用。

　❷选中D2单元格,拖动右下角的填充柄至D8单元格,即可计算出其他销售员的销售额占总销售额的百分比,如图5-147所示。选中D4单元格,在公式编辑栏中可以看到该单元格的公式为"=C4/SUM($C$2:$C$8)",如图5-148所示。

D2			f_x	=C2/SUM($C$2:$C$8)
	A	B	C	D	E
1	序号	销售人员	销售额	占总销售额的比	
2	1	杨佳丽	13554	15.90%	
3	2	张瑞煊	10433		
4	3	张启云	9849		
5	4	唐小军	11387		
6	5	韩晓生	10244		
7	6	周志明	15433		
8	7	夏甜甜	14354		

图5-146

	A	B	C	D
1	序号	销售人员	销售额	占总销售额的比
2	1	杨佳丽	13554	15.90%
3	2	张瑞煊	10433	12.24%
4	3	张启云	9849	11.55%
5	4	唐小军	11387	13.36%
6	5	韩晓生	10244	12.02%
7	6	周志明	15433	18.10%
8	7	夏甜甜	14354	16.84%
9				

图5-147

D4			f_x	=C4/SUM($C$2:$C$8)
	A	B	C	D	E
1	序号	销售人员	销售额	占总销售额的比	
2	1	杨佳丽	13554	15.90%	
3	2	张瑞煊	10433	12.24%	
4	3	张启云	9849	11.55%	
5	4	唐小军	11387	13.36%	
6	5	韩晓生	10244	12.02%	
7	6	周志明	15433	18.10%	
8	7	夏甜甜	14354	16.84%	

图5-148

经验之谈

　　通过对比D2、D4单元格的公式可以发现,当向下复制D2单元格的公式时,采用绝对引用的数据源未发生任何变化。本例中求取了第一个销售员的销售额占总销售额的百分比后,要计算出其他销售员的销售额占总销售额的百分比,公式中的"SUM($C$2:$C$8)"这一部分是不需要发生变化的,所以采用绝对引用方式。

5.5.4 逻辑函数

扫一扫 看视频

逻辑函数根据指定的条件依次判断并返回指定结果，如判断学生成绩是否达标、商品库存量是否充足等。常用的逻辑函数有IF、IFS、AND等。

>>>**1. 判断库存数量是否充足**

IF函数用于判断指定条件的真假，当指定条件为真时返回指定的内容；当指定条件为假时返回其他指定的内容。

IF函数有三个参数，第一个参数是判断条件；第二个参数是当判断条件为真时返回的值；第三个参数是当判断条件为假时返回的值。其中第二个和第三个参数可以忽略，默认返回值分别为TRUE和FALSE。

第一个参数是判断条件

=IF(❶判断条件,❷返回值1,❸返回值2)

当第一个参数返回TRUE时，返回第二个参数；否则返回第三个条件

本例要求当库存量小于20件时返回"补货"文字，否则返回"充足"文字。

❶选中C2单元格，在公式编辑栏中输入公式"=IF(B2<20,"补货","充足")"，按Enter键即可判断B2单元格中的值是否在指定范围内，并返回指定的结果，如图5-149所示。

❷将鼠标指针指向C2单元格的右下角，出现黑色十字形时按住鼠标左键向下拖动，即可批量得出运算结果，如图5-150所示。

图5-149

	A	B	C	D
1	品名	库存(箱)	是否补货	
2	泸州老窖	50	充足	
3	海之蓝	42	充足	
4	五粮春	32	充足	
5	新开元	10	补货	
6	润原液	22	充足	
7	四开国缘	45	充足	
8	新品兰十	15	补货	
9	今世缘兰	25	充足	
10	珠江金小麦	12	补货	
11	张裕赤霞珠	8	补货	
12				

图5-150

>>>**2. 判断成绩评定结果**

IFS函数是Excel 2019版本中新增的实用函数，用于检查IFS函数的一个或多个条件是否满足，并返回第一个条件相对应的值。IFS函数可以嵌套多个IF语句，并且可以更加轻松地使用多个条件。

IFS函数有四个参数，第一个参数是判断条件；第二个参数是当第一个判断条件为真时返回的值；第三个参数是第二个判断条件；第四个参数是当第二个判断条件为真时返回的值。以此类推，根据指定条件返回对应的值。

第一个参数是判断条件

=IFS(❶条件1,❷返回值1,❸条件2,❹返回值2,…)

当第一个参数返回TRUE时，返回第二个参数；否则依次执行第三个参数和第四个参数，并以此类推

已知表格统计了学生的三门主科成绩并且计算了总分，下面要求根据不同的分数区间来判断成绩属于"不合格"（0~180分）、"合格"（181~200分）、"良好"（201~260分），还是"优秀"（261分及以上）。本例可以使用IFS函数实现多条件判断，避免使用IF函数设置多层嵌套，也避免了出错的可能。

❶选中F2单元格，在公式编辑栏中输入公式"=IFS(E2>260,"优秀",E2>200,"良好",E2>180,"合格",E2>0,"不合格")"，按Enter键即可判断E2单元格中的值是否在指定范围内，并返回指定的评定结果，如图5-151所示。

SUMIF | × ✓ fx | =IFS(E2>260,"优秀",E2>200,"良好",E2>180,"合格",E2>0,"不合格")

	A	B	C	D	E	F	G	H	I	J
1	姓名	语文	数学	英语	总分	成绩评定				
2	李楠	90	85	90	265	合格")				
3	刘晓艺	55	85	90	230					
4	卢涛	55	58	50	163					
5	周伟	90	90	66	246					
6	李晓云	91	75	55	221					
7	王晓东	59	50	80	189					
8	蒋菲菲	90	85	88	263					
9	刘立	88	58	91	237					

图5-151

❷将鼠标指针指向F2单元格的右下角,出现黑色十字形时按住鼠标左键向下拖动,即可批量得出运算结果,如图5-152所示。

	A	B	C	D	E	F
1	姓名	语文	数学	英语	总分	成绩评定
2	李楠	90	85	90	265	优秀
3	刘晓艺	55	85	90	230	良好
4	卢涛	55	58	50	163	不合格
5	周伟	90	90	66	246	良好
6	李晓云	91	75	55	221	良好
7	王晓东	59	50	80	189	合格
8	蒋菲菲	90	85	88	263	优秀
9	刘立	88	58	91	237	良好

图5-152

5.5.5 统计函数

Excel 将求平均值函数、计数函数、最大/最小值函数、排位函数等都归纳到统计函数范畴中,这几类函数也是日常办公中的常用函数。

扫一扫 看视频

>>>1. 按部门统计平均工资

如果想统计出指定部门的平均工资,则需要函数在计算前就能对部门进行判断,然后只对指定部门的工资额求平均值。这就需要使用按条件判断求平均值的 AVERAGEIF 函数。AVERAGEIF 函数也是最常用的函数之一。

=AVERAGEIF(❶判断区域,❷条件,❸求平均值区域)

可以是数字、文本、逻辑表达式或单元格的引用,如果是文本或逻辑表达式,则需要对其使用双引号

❶在工作表中输入数据并建立好求解标识,需要使用公式引用E2:E3单元格区域中的数据,如图5-153所示。

❷选中F2单元格,在公式编辑栏中输入公式"=AVERAGEIF($B$2:$B$11,E2,$C$2:$C$11)",按Enter键即可计算出"销售部"的平均工资,如图5-154所示。

E2 | × ✓ fx | 销售部

	A	B	C	D	E	F
1	姓名	部门	工资		部门	平均工资
2	宋燕玲	销售部	4620		销售部	
3	郑芸	企划部	3540		企划部	
4	黄嘉俐	企划部	2600			
5	区菲娅	销售部	5520			
6	江小丽	企划部	3500			
7	叶雯静	销售部	4460			
8	钟琛	销售部	3500			
9	李霞	销售部	4510			
10	周成	企划部	3000			
11	刘洋	企划部	5500			
12			4075			

图5-153

F2 | × ✓ fx | =AVERAGEIF($B$2:$B$11,E2,$C$2:$C$11)

	A	B	C	D	E	F	G
1	姓名	部门	工资		部门	平均工资	
2	宋燕玲	销售部	4620		销售部	4522	
3	郑芸	企划部	3540		企划部		
4	黄嘉俐	企划部	2600				
5	区菲娅	销售部	5520				
6	江小丽	企划部	3500				
7	叶雯静	销售部	4460				
8	钟琛	销售部	3500				
9	李霞	销售部	4510				
10	周成	企划部	3000				
11	刘洋	企划部	5500				

图5-154

❸选中F2单元格，向下复制公式到F3单元格，可以快速统计出"企划部"的平均工资，如图5-155所示。查看F3单元格的公式为"=AVERAGEIF($B$2:$B$11, E3,$C$2:$C$11)"。

F3				fx	=AVERAGEIF($B$2:$B$11,E3,$C$2:$C$11)	
	A	B	C	D	E	F	G
1	姓名	部门	工资		部门	平均工资	
2	宋燕玲	销售部	4620		销售部	4522	
3	郑芸	企划部	3540		企划部	3628	
4	黄嘉俐	企划部	2600				
5	区菲娅	销售部	5520				
6	江小丽	企划部	3500				
7	叶雯静	销售部	4460				
8	钟琛	销售部	3500				
9	李霞	销售部	4510				
10	周成	企划部	3000				
11	刘洋	企划部	5500				

图5-155

>>>2. 计算一车间女职工的平均工资

本例中要求满足"车间"为"一车间"与"性别"为"女"这两个条件后再求平均值，是典型的满足双条件求平均值的例子，需要使用AVERAGEIFS函数。该函数用于计算满足多重条件的所有单元格的平均值（算术平均值）。

=AVERAGEIFS(❶求值区域,❷条件1区域,条件1,❸条件2区域,条件2,❹条件3区域,条件3,…)

选中D14单元格，在公式编辑栏中输入公式"=AVERAGEIFS(D2:D12,B2:B12,"一 车 间",C2:C12,"女")"，按Enter键得出一车间女职工的平均工资，如图5-156所示。

D14				fx	=AVERAGEIFS(D2:D12,B2:B12,"一车间",C2:C12,"女")		
	A	B	C	D	E	F	G	H
1	姓名	车间	性别	工资				
2	苏佳佳	一车间	女	3620				
3	简洁	二车间	女	3540				
4	李东涛	二车间	女	2600				
5	何利民	一车间	女	2520				
6	吴丹晨	二车间	女	3450				
7	谭农志	一车间	男	3900				
8	张瑞宣	二车间	女	3460				
9	刘明璐	一车间	男	3500				
10	黄永明	一车间	女	2900				
11	陈成	二车间	女	2810				
12	周杰	一车间	男	3000				
13								
14	一车间女职工平均工资			3013.33				

图5-156

>>>3. 统计满足条件的记录条数

要统计满足条件的记录条数，需要使用COUNTIF函数。COUNTIF函数是最常用的函数之一，专门用于解决按条件计数的问题。

=COUNTIF(❶计数区域,❷计数条件)

可以是数字、文本、逻辑表达式或单元格的引用，如果是文本或逻辑表达式，则需要对其使用双引号

本例想要统计"性别"为"女"的员工的人数。

选中F2单元格，在公式编辑栏中输入公式"=COUNTIF(C2:C12,"女")"，按Enter键即可统计出女员工的人数，如图5-157所示。

F2				fx	=COUNTIF(C2:C12,"女")	
	A	B	C	D	E	F
1	姓名	车间	性别	工资		女性人数
2	苏佳佳	一车间	女	3620		8
3	简洁	二车间	女	3540		
4	李东涛	二车间	女	2600		
5	何利民	一车间	女	2520		
6	吴丹晨	二车间	女	3450		
7	谭农志	一车间	男	3900		
8	张瑞宣	二车间	女	3460		
9	刘明璐	一车间	男	3500		
10	黄永明	一车间	女	2900		
11	陈成	二车间	女	2810		
12	周杰	一车间	男	3000		

图5-157

>>>4. 统计大于指定分值的人数

在使用COUNTIF函数的参数时讲到第二个参数为计数条件，它可以是数字、文本、逻辑表达式或单元格的引用，它是表达式时可以表示为">80""=60"，但不能直接表示为">H2"这种方式，即比较运算符不能直接与单元格的引用相连接。如何解决此问题呢？需要使用"&"连接运算符将比较运算符与单元格引用连接起来。

❶在工作表中输入数据并建立好辅助标题，需要引用到D2:D3单元格区域中的数据。

❷选中E2单元格，在公式编辑栏中输入公式"=COUNTIF($B$2:$B$15,">="&D2)"，按Enter键统计出分数大于60的人数，如图5-158所示。

❸选中E2单元格，向下复制公式到E3单元格，即可统计出分数大于80的人数，如图5-159所示。

E2　｜　fx　=COUNTIF($B$2:$B$15,">="&D2)

	A	B	C	D	E	F
1	学生姓名	分数		大于数值	记录条数	
2	何利民	78		60	**10**	
3	吴丹晨	60		80		
4	谭农志	91				
5	张瑞宣	88				
6	刘明璐	78				
7	黄永明	46				
8	陈成	32				
9	周杰	65				
10	陆穗平	64				
11	李玉琢	84				
12	李梅	86				
13	卢梦雨	84				
14	徐丽	45				
15	韦玲芳	51				

图 5-158

E3　｜　fx　=COUNTIF($B$2:$B$15,">="&D3)

	A	B	C	D	E	F
1	学生姓名	分数		大于数值	记录条数	
2	何利民	78		60	**10**	
3	吴丹晨	60		80	**5**	
4	谭农志	91				
5	张瑞宣	88				
6	刘明璐	78				
7	黄永明	46				
8	陈成	32				
9	周杰	65				
10	陆穗平	64				
11	李玉琢	84				
12	李梅	86				
13	卢梦雨	84				
14	徐丽	45				
15	韦玲芳	51				

图 5-159

>>>5. 统计指定区域指定商品的最低销售额

MINIFS 函数返回一组给定条件或标准指定的单元格中的最小值。

=MINIFS(❶单元格区域,❷条件计算,❸条件,❹附加条件,…)

本例的表格中统计了各个地区各类商品当月的销售额数据,要求统计上海地区女装类的最低销售额,可使用MINIFS 函数设置满足多条件的最小值。MINIFS 函数是 Excel 2019 版本中新增的函数。

选中 F2 单元格,在公式编辑栏中输入公式"=MINIFS(D2:D14,C2:C14,"女装",B2:B14,"上海")",按 Enter 键即可统计出上海地区女装类的最低销售额,

如图 5-160 所示。

DSUM　｜　fx　=MINIFS(D2:D14,C2:C14,"女装",B2:B14,"上海")

	A	B	C	D	E	F	G	H
1	销售员	地区	商品	销售额		上海区女装 最低销售额		
2	李晓楠	上海	女装	58900		58900		
3	万倩倩	北京	男装	102546				
4	刘芸	广州	护肤品	9000				
5	王婷婷	上海	男装	8590				
6	李娜	北京	女装	6580				
7	张旭	上海	男装	11520				
8	刘玲玲	上海	女装	99885				
9	章涵	上海	男装	58900				
10	刘琦	北京	护肤品	60000				
11	王源	广州	女装	75000				
12	马楷	上海	护肤品	5220				
13	刘晓伟	北京	女装	9600				
14	李薇薇	上海	护肤品	10255				

图 5-160

5.5.6 查找函数

常用的查找函数包括 LOOKUP 函数、VLOOKUP 函数等。

扫一扫 看视频

LOOKUP 函数与 VLOOKUP 函数是比较常用的查找函数。它们用于从庞大的数据库中快速找到满足条件的数据,并返回相应的值,是日常办公中不可或缺的函数之一。

>>>1. 查找利器 LOOKUP

LOOKUP 函数是查找函数类型中一个较为重要的函数。它的参数如下:

> LOOKUP 函数的第二个参数可以设置为任意行列的常量数组或区域数组,但无论是什么数组,查找值所在行或列的数据都应按升序排列

=LOOKUP(❶查找值,❷数组)

函数将在这个数组的首列中查找与第一个参数匹配的值,并返回数值最后一列对应位置的数据

如图 5-161 所示,在 G2 单元格中使用的公式为"=LOOKUP(A2,C2:E9)",可以看到,查找值 200 位于C2:E9 单元格区域的首列上,找到后,返回对应在 E 列上的值。

G2 =LOOKUP(A2,C2:E9)

	A	B	C	D	E	F	G
1	查找值		查找的数组				返回值
2	200		50	五十	伍拾		贰佰
3			100	一百	壹佰		
4			150	一百五	壹佰伍拾		
5			200	二百	贰佰		
6			250	二百五	贰佰伍拾		
7			300	三百	叁佰		
8			350	三百五	叁佰伍拾		
9			400	四百	肆佰		

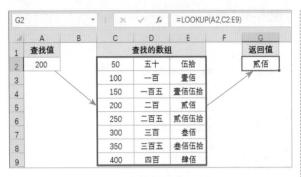

图5-161

人事信息数据表中记录了所有员工的性别和担任的职位，要求快速查找任意指定员工的职位信息。

❶选中A列中的任意单元格，单击“数据”选项卡的“排序和筛选”组中的“升序”按钮(见图5-162)，让表格中的数据按照姓名升序排列，如图5-163所示(注意，利用LOOKUP函数查询时，一定要对数组的第一列进行升序排列)。

❷选中F2单元格，在公式编辑栏中输入公式“=LOOKUP(E2, A2:C12)”，按Enter键即可返回“王镁”的职位，如图5-164所示。

❸建立公式后，当改变E2单元格中的查询对象时，F2单元格则会重新自动查询。例如，输入“李坤”，按Enter键即可返回“李坤”的职位，如图5-165所示。

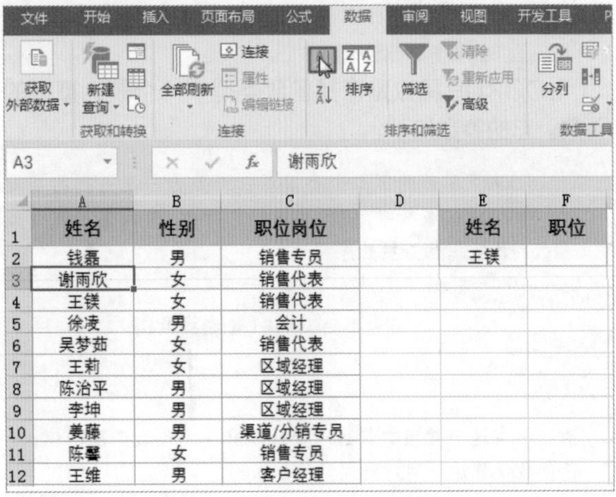

A3 谢雨欣

	A	B	C	D	E	F
1	姓名	性别	职位岗位		姓名	职位
2	钱磊	男	销售专员		王镁	
3	谢雨欣	女	销售代表			
4	王镁	女	销售代表			
5	徐凌	男	会计			
6	吴梦茹	女	销售代表			
7	王莉	女	区域经理			
8	陈治平	男	区域经理			
9	李坤	男	区域经理			
10	姜藤	男	渠道/分销专员			
11	陈馨	女	销售专员			
12	王维	男	客户经理			

图5-162

	A	B	C
1	姓名	性别	职位
2	陈馨	女	销售专员
3	陈治平	男	区域经理
4	姜藤	男	渠道/分销专员
5	李坤	男	区域经理
6	钱磊	男	销售专员
7	王莉	女	区域经理
8	王镁	女	销售代表
9	王维	男	客户经理
10	吴梦茹	女	销售代表
11	谢雨欣	女	销售代表
12	徐凌	男	会计

图5-163

F2 =LOOKUP(E2,A2:C12)

	A	B	C	D	E	F
1	姓名	性别	职位		姓名	职位
2	陈馨	女	销售专员		王镁	销售代表
3	陈治平	男	区域经理			
4	姜藤	男	渠道/分销专员			
5	李坤	男	区域经理			
6	钱磊	男	销售专员			
7	王莉	女	区域经理			
8	王镁	女	销售代表			
9	王维	男	客户经理			
10	吴梦茹	女	销售代表			
11	谢雨欣	女	销售代表			
12	徐凌	男	会计			

图5-164

	A	B	C	D	E	F
1	姓名	性别	职位		姓名	职位
2	陈馨	女	销售专员		李坤	区域经理
3	陈治平	男	区域经理			
4	姜藤	男	渠道/分销专员			
5	李坤	男	区域经理			
6	钱磊	男	销售专员			
7	王莉	女	区域经理			
8	王镁	女	销售代表			
9	王维	男	客户经理			
10	吴梦茹	女	销售代表			
11	谢雨欣	女	销售代表			
12	徐凌	男	会计			

图5-165

>>>2. VLOOKUP函数

VLOOKUP函数在表格或数值数组的首列查找指定的数值，并由此返回表格或数组当前行中指定列处的值。VLOOKUP函数是一个常用的函数，在多表数据查找、匹配中发挥着重要的作用。

VLOOKUP函数有三个参数,分别用于指定查找的值或单元格、查找区域和返回值对应的列号。

=VLOOKUP(❶要查找的值或单元格,❷用于查找的区域,❸返回值对应的列号)

第三个参数决定了要返回的内容,对于一条记录,它有多种属性的数据,分别位于不同的列中,通过对该参数的设置可以返回要查看的内容

如图5-166所示,H2单元格中的公式指定返回第2列的数据,因此返回值为"周瑞";在H4单元格中,公式指定返回第4列的数据,因此返回了"人事部"。

对图5-167所示的产品库存表,现在创建了另一张工作表(见图5-168),要求从此产品库存表中匹配出几个产品的库存数量及出库数量。

❶选中B2单元格,在公式编辑栏中输入公式"=VLOOKUP(A2,Sheet2!\$A\$1:\$F\$18,5,FALSE)",按Enter键即可在"Sheet2!\$A\$1:\$F\$18"这个区域的首列匹配A2单元格中的数据,匹配后返回对应在第5列上的值,如图5-169所示。

	A	B	C	D	E	F	G	H
1	序号	姓名	性别	部门	职位		查询值	01
2	01	周瑞	女	人事部	HR专员		返回值	周瑞
3	02	于青青	女	财务部	主办会计		公式	=VLOOKUP(H1,A2:E9,2)
4	03	罗羽	女	财务部	会计		返回值	人事部
5	04	邓志诚	男	财务部	会计		公式	=VLOOKUP(H1,A2:E9,4)
6	05	程飞	男	客服一部	客服			
7	06	周城	男	客服一部	客服			
8	07	张翔	男	客服一部	客服			
9	08	华玉凤	女	客服一部	客服			

图5-166

	A	B	C	D	E	F
1	产品名称	规格	上月结余	本月入库	库存总量	本月出库
2	柔润盈透洁面泡沫	150g	900	3456	4356	3000
3	气韵焕白套装	套	890	500	1390	326
4	盈透精华水	100ml	720	300	1020	987
5	保湿精华乳液	100ml	1725	380	2105	1036
6	保湿精华霜	50g	384	570	954	479
7	明星美肌水	100ml	580	340	920	820
8	能量元面霜	45ml	260	880	1140	1003
9	明星眼霜	15g	1485	590	2075	1678
10	明星修饰乳	40g	880	260	1140	368
11	肌底精华液	30ml	290	1440	1730	1204
12	精华洁面乳	95g	605	225	830	634
13	明星睡眠面膜	200g	1424	512	1936	1147
14	倍润滋养霜	50g	990	720	1710	1069
15	水能量套装	套	1180	1024	2204	1347
16	去角质素	100g	96	110	206	101
17	鲜活水盈润肤水	120ml	352	450	802	124
18	鲜活水盈润乳液	100ml	354	2136	2490	2291

图5-167

	A	B	C	D
1	产品名称	库存	出库	
2	气韵焕白套装			
3	盈透精华水			
4	保湿精华乳液			
5	保湿精华霜			
6	明星眼霜			
7	明星修饰乳			
8	水能量套装			
9	鲜活水盈润肤水			

Sheet1 Sheet2 Sheet3 ➕

图5-168

B2　｜　✕　✓　fx　=VLOOKUP(A2,Sheet2!\$A\$1:\$F\$18,5,FALSE)

	A	B	C	D	E	F
1	产品名称	库存	出库			
2	气韵焕白套装	1390				
3	盈透精华水					
4	保湿精华乳液					
5	保湿精华霜					
6	明星眼霜					
7	明星修饰乳					
8	水能量套装					
9	鲜活水盈润肤水					

图5-169

❷ 按照相同的思路,在C2单元格中输入公式,与前面公式不同的只是第三个参数,因为"出库"列对应"Sheet2!\$A\$1:\$F\$18"这个区域的第6列,如图5-170所示。

❸选中B2:C2单元格区域,向下拖动填充柄复制公式即可批量进行数据查询匹配,如图5-171所示。

C2　｜　✕　✓　fx　=VLOOKUP(A2,Sheet2!\$A\$1:\$F\$18,6,FALSE)

	A	B	C	D	E	F
1	产品名称	库存	出库			
2	气韵焕白套装	1390	326			
3	盈透精华水					
4	保湿精华乳液					
5	保湿精华霜					
6	明星眼霜					
7	明星修饰乳					
8	水能量套装					
9	鲜活水盈润肤水					

图5-170

第2篇 Excel篇

	A	B	C	D
1	产品名称	库存	出库	
2	气韵焕白套装	1390	326	
3	盈透精华水	1020	987	
4	保湿精华乳液	2105	1036	
5	保湿精华霜	954	479	
6	明星眼膜	2075	1678	
7	明星修饰乳	1140	368	
8	水能量套装	2204	1347	
9	鲜活水盈润肤水	802	124	
10				

图5-171

经验之谈

在建立了返回库存数量与出库数量的公式后，利用复制公式的办法快速得到了其他需要查询的产品的库存数量与出库数量。这是因为公式中对用于查询的区域"Sheet2!$A$1:$F$18"使用了绝对引用，以保证它始终不变，对查找对象使用了相对引用，公式复制时会自动变动。另外，返回的库存数量指定在"Sheet2!$A$1:$F$18"区域的第5列，返回的出库数量指定在"Sheet2!$A$1:$F$18"区域的第6列。

>>>3. 使用LOOKUP函数实现按多条件查找

在进行数据查找时，对于多条件查找一直是很多人都会遇到却并不容易解决的问题，使用LOOKUP函数可以很好地解决这个问题。

图5-172所示的表格中统计了各个店铺第一季度的营销数据，需要建立公式查询指定店铺指定月份的营业额。

	A	B	C	D	E	F
1	店铺	月份	营业额		查找店铺	上派
2	西都	1月	9876		查找月份	2月
3	红街	2月	10329		返回金额	
4	上派	3月	11234			
5	西都	1月	12057			
6	红街	2月	13064			
7	上派	3月	15794			
8	西都	1月	16352			
9	红街	2月	13358			
10	上派	3月	16992			

图5-172

❶选中F3单元格，在公式编辑栏中输入公式"= LOOKUP(1,0/((A2:A10=F1)*(B2:B10=F2)),C2:C10)"。

❷按Enter键，即可返回该店铺2月份的营业额，如图5-173所示。

F3				fx	= LOOKUP(1,0/((A2:A10=F1)*(B2:B10=F2)),C2:C10)		
	A	B	C	D	E	F	G	H
1	店铺	月份	营业额		查找店铺	上派		
2	西都	1月	9876		查找月份	2月		
3	红街	1月	10329		返回金额	15794		
4	上派	1月	11234					
5	西都	2月	12057					
6	红街	2月	13064					
7	上派	2月	15794					
8	西都	3月	16352					
9	红街	3月	13358					
10	上派	3月	16992					

图5-173

经验之谈

该公式是先执行"A2:A10=F1"和"B2:B10=F2"两个比较运算，判断店铺和月份是否满足查询条件，再执行乘法运算，得到一个由0和1组成的数组(只有TRUE与TRUE相乘时才返回1，其他全部返回0)。然后用0除以计算后得到的数组，得到一个由0和错误值"#DIV/0"组成的数组。在该数组中，查询小于或等于1的最大值，返回C2:C10单元格中对应位置的数据，即可得到满足两个查询条件的结果。

如果不能理解上述公式的计算原理，只要记住下面的查询模式，无论要求满足几个条件的查询都可以轻松实现。如果查询条件不止两个，只需在LOOKUP函数的第二个参数中添加用于判断是否符合查询条件的比较计算公式，即按照如下的模式来套用公式即可。

=LOOKUP(1,0/((条件1区域=条件1)*(条件2区域=条件2)*(条件3区域=条件3)*…*(条件n区域=条件n)),返回值区域)

当然，在实际工作中可能并不会应用太多的条件，一般两个或三个比较常用。

第6章

图表数据分析技巧

6.1 创建图表

图表可以将工作表中的数据用图形表现出来,从而让用户更清晰、更有效地处理数据。图表是日常商务办公中常用的数据分析工具之一。图表可以直观地反映数据,在日常生活与工作中分析某些数据时,常会应用图表来比较数据、展示数据的发展趋势等。因此图表在现代商务办公中是非常重要的,如总结报告、商务演示、招投标方案等,几乎都会应用到数据图表。

6.1.1 创建图表类型

扫一扫 看视频

Excel中提供了"推荐的图表"功能。这个功能的优点在于,它会根据表格的特点向用户推荐合适的图表,这给初学者使用图表带来了便利。例如,当数据源表格中既有百分比值又有整数时,就会自动推荐折线图和柱形图结合的组合图形式。下面介绍一些常用的图表类型,帮助大家根据不同表格的特点选择最合适的图表。

>>>1. 选择图表类型

表达成分关系时应用最典型的就是饼图,饼图也是日常工作中使用较多的一种图表类型。饼图用扇面的形式表达出局部占总体的比例关系,它只能绘制出一个系列。

该图表建立起来并没有太大难度,但是在安排图表的数据源时有一点需要注意,就是建议对数据进行排序。因为人的眼睛习惯于按顺时针方向进行观察,因此应该将最重要的部分紧靠12点钟的位置,并且使用强烈的颜色突出显示,还可以将此部分与其他部分分离开。

例如,图6-1所示的图表对最大的扇面使用了分离式的强调(注意不要整体使用爆炸型图表);图6-2所示的图表对最小的扇面使用了色调的强调。

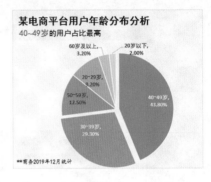

图6-1

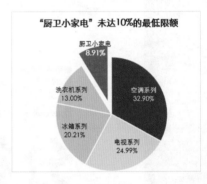

图6-2

直方图是分析数据分布比重和分布频率的利器。在Excel 2016之前的版本中并没有直方图,但是擅长数据分析的专业人员运用各种技巧也可以制作出直方图。那么在Excel 2016之后的版本中要制作直方图就比较容易了。图6-3所示的直方图展示了所有销售员的年销售业绩主要分布于哪一个数据区间。

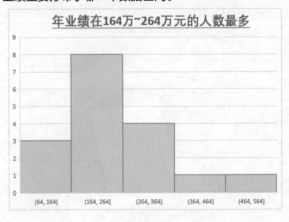

图6-3

>>>2. 使用推荐的图表

❶整理好表格数据后，选中数据源，单击"插入"选项卡的"图表"组中的"推荐的图表"按钮(见图6-4)，打开"插入图表"对话框。

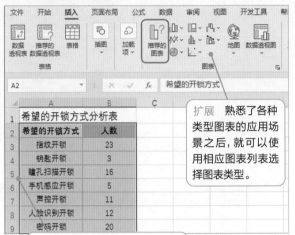

扩展 熟悉了各种类型图表的应用场景之后，就可以使用相应图表列表选择图表类型。

注意 图表的数据源引用只会针对选取的部分，后期也可以重新修改引用的数据源。

图6-4

❷"推荐的图表"选项卡中提供了几个适合此数据特点的图表，选择"排列图"，如图6-5所示。

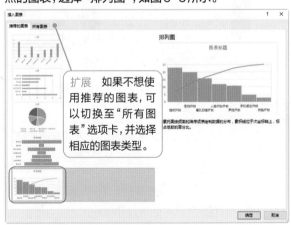

扩展 如果不想使用推荐的图表，可以切换至"所有图表"选项卡，并选择相应的图表类型。

图6-5

❸单击"确定"按钮，即可插入图表，如图6-6所示。完善并美化图表，最终效果如图6-7所示。此图表类型可以将数据从大到小自动排列，非常适合对市场调查的结果数据进行展示。

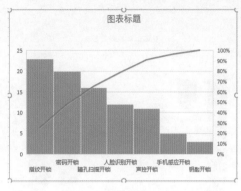

图6-6

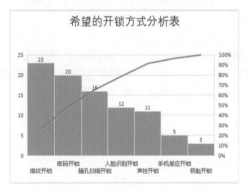

图6-7

>>>3. 创建瀑布图

瀑布图就是看起来像瀑布的图表，图如其名，它是柱形图的变形，悬空的柱子代表数值的增减，通常用于表达两个数值之间的增减演变过程。

❶选中数据源，单击"插入"选项卡的"图表"组中的"插入瀑布图或股价图"下拉按钮，在下拉列表中选择"瀑布图"选项(见图6-8)，即可插入瀑布图，如图6-9所示。

图6-8

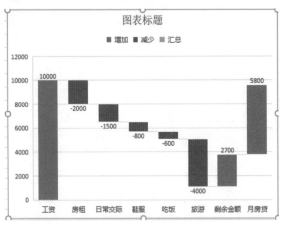

图6-9

❷双击"剩余金额"柱子将其选中，接着在柱子上右击，在弹出的快捷菜单中选择"设置为汇总"选项(见图6-10)，将"剩余金额"设置为汇总数据。

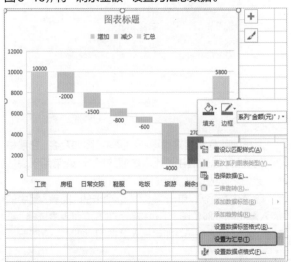

图6-10

❸使用同样的方法将"月房贷"柱子设置为汇总数据，此时"剩余金额"和"月房贷"柱子都从水平轴底部开始绘制，方便数据的比较，如图6-11所示。

❹输入图表标题，并完善与美化图表，最终效果如图6-12所示。通过图表可以看到收入金额及支出明细，同时可以看到剩余金额与月房贷额的比较情况。

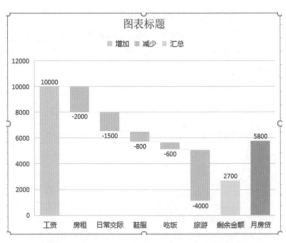

图6-11

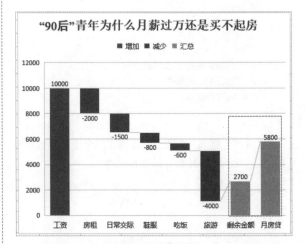

图6-12

经验之谈

选中图表中的单个柱子称为选中单个数据点，在柱上单击一次选中的是整个数据系列，然后在目标柱子上单击一次即可选中当前数据点。

在图表中准确选中目标数据很重要，选中目标数据后，后面的所有操作才会应用此数据。

>>>4. 创建旭日图

Excel 2016之后的版本中提供了一种专门用以展现数据二级分类(二级分类是指在大的一级的分类下，还有下级的分类)的图表类型——旭日图。当面对层次结构不同的数据源时，可以选择创建旭日图。旭日图与圆环图类似,它是个同心圆环,最内层的圆表示层次结构的顶级,往外是下一级分类。例如,每个月份下包含的不同项目的支出类型,不同部门下包含的分部业绩数据等。

❶选中数据源,单击"插入"选项卡的"图表"组中的"插入层次结构图表"下拉按钮,在下拉列表中选择"旭日图"选项(见图6-13),即可插入旭日图,如图6-14所示。

图6-13

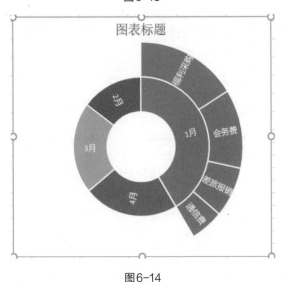

图6-14

❷输入图表标题,完善与美化图表,最终效果如图6-15所示。图表中既比较了各个月份的总支出金额,又对1月份的支出金额进行了细分展示。

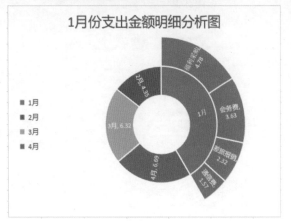

图6-15

6.1.2 添加图表元素

根据表格数据创建图表之后,包含的元素都是默认的(如图表标题、网格线、数据系列、图例项等)。本例需要为饼图图表更改图表标题名称并添加数据标签。

扫一扫 看视频

❶选中图表并单击右侧的"图表元素"按钮,在打开的列表中选择"数据标签"子列表中的"更多选项"选项(见图6-16),打开"设置数据标签格式"右侧窗格。

扩展 勾选相应复选框即可在图表中显示该元素,反之,如果取消勾选某一复选框,则会隐藏该元素。

图6-16

❷在"标签选项"栏下分别勾选"类别名称"和"百分比"复选框,如图6-17所示。

❸关闭右侧窗格并返回图表,即可看到饼图上方添加了名称和百分比数值。重新修改图表标题,效果如图6-18所示。

第6章 图表数据分析技巧

第2篇 Excel篇

103

图6-17

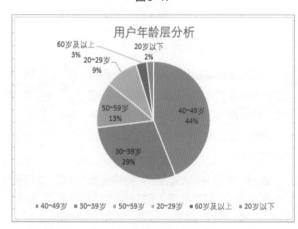

图6-18

经验之谈

如果是其他类型的图表，如"柱形图""折线图"等，在打开的"图表元素"列表中会显示其他图表元素名称，如图6-19所示。

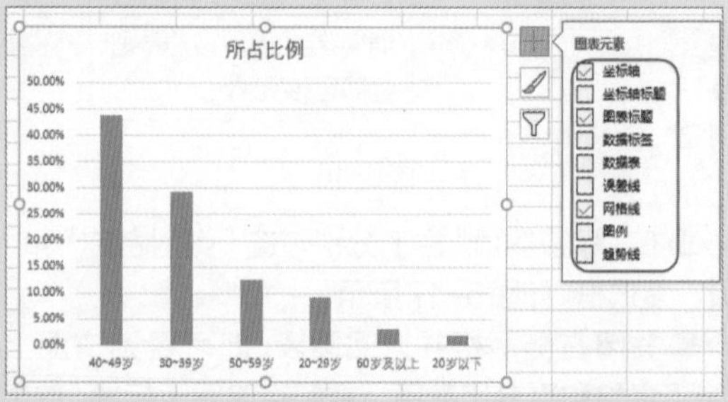

图6-19

6.1.3 更改图表类型

扫一扫 看视频

如果需要将创建好的饼图更改为柱形图，无须重新选取数据源并创建图表，在"更改图表类型"对话框中修改类型即可。

❶选中图表，单击"图表设计"选项卡的"类型"组中的"更改图表类型"按钮(见图6-20)，打开"更改图表类型"对话框。

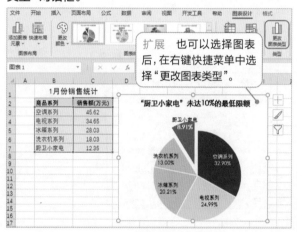

图6-20

❷在"所有图表"选项卡的左侧选择图表类型为"柱形图"，在右侧选择子图表类型为"簇状柱形图"，如图6-21所示。

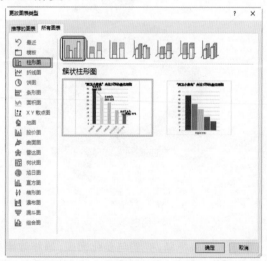

图6-21

❸单击"确定"按钮返回图表,即可看到更改图表类型后的效果。重新更改图表标题和数据标签格式,效果如图6-22所示。

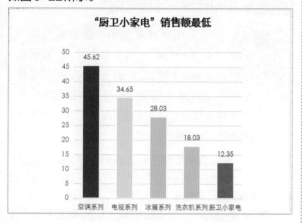

图6-22

经验之谈

> 更改的图表类型应当符合当前的数据与分析目标,不能随意将其更改为没有数据分析意义的其他图表类型。例如,如果当前图表为两个系列的条形图,当更改为饼图时则只能绘制出其中的一个系列,因为饼图的特性是只能绘制一个系列。

6.1.4 更改图表数据源

如果想要更改图表引用的数据源进行图表分析,可以直接使用鼠标重新拖取需要的数据区域,或者使用"选择数据源"对话框快速精准地更改连续或不连续的数据源引用区域。

扫一扫 看视频

>>>**1. 直接修改连续的数据源**

如果图表的数据源是连续的,当选中图表时,数据源上将显示几种颜色的边框(有红色、紫色和蓝色3种颜色),系列显示为红色边框、分类显示为紫色边框、数据区域显示为蓝色边框,将鼠标指针指向蓝色边框的右下角,按住鼠标左键进行拖动重新框选数据区域,被包含的数据就被绘制成图表,不包含的则不绘制。

首先将鼠标指针指向C7单元格右下角,指针样式发生变化后,按住鼠标左键向左上角拖动(见图6-23),拖至C5单元格后释放鼠标,即可快速更改数据源,如图6-24

所示。

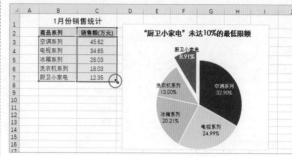

图6-23

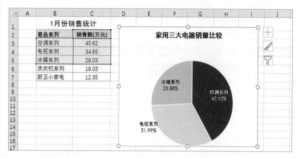

图6-24

>>>**2. 重新选取不连续的数据源**

❶选中图表,单击"图表设计"选项卡的"数据"组中的"选择数据"按钮(见图6-25),打开"选择数据源"对话框。

❷单击"图表数据区域"右侧的拾取器按钮(见图6-26),进入数据源重新选取状态。

图6-25

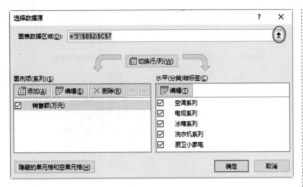

图6-26

❸回到数据表格中拖动鼠标左键选取新的区域(选择第一个区域后，按住Ctrl键不放，再选择第二个区域)(见图6-27)，再次单击拾取器按钮返回"选择数据源"对话框，即可看到更改后的数据源区域，如图6-28所示。

图6-27

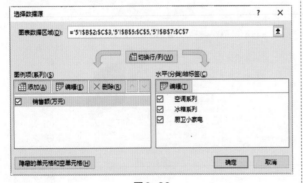

图6-28

❹单击"确定"按钮返回图表，即可得到更改数据源后的图表。

6.1.5 使用迷你图比较数据

扫一扫 看视频

如果需要使用小图表来直观地比较一行或一列中的数据，可以使用Excel中的迷你图来实现。迷你图是Excel中新增的一种将数据形象化呈现的图表制作工具，它以单元格为绘图区域，方便数据比较及查看变化趋势。

❶选中要在其中绘制迷你图的单元格，单击"插入"选项卡的"迷你图"组中的"柱形"按钮(见图6-29)，打开"创建迷你图"对话框。

❷在"数据范围"文本框中输入或从表格中选择需要引用的数据区域，如B3:B7单元格区域，"位置范围"文本框中将自动显示之前所选中的用于绘制图表的单元格(如果之前未选择，也可以直接输入)，如图6-30所示。

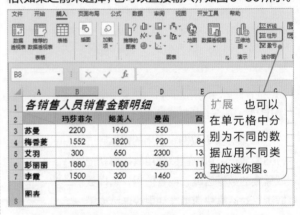

图6-29

图6-30

❸单击"确定"按钮，即可在B8单元格中创建一个柱形迷你图，如图6-31所示。按相同的方法在其他单元格中创建迷你图。

❹图6-32所示为绘制的多个迷你图，可以直观地比较各销售员的销售金额。

	A	B	C	D	E	F
1	各销售人员销售金额明细					
2		玛莎菲尔	姬美人	曼茵	百妮	总计
3	苏曼	2200	1960	550	120	4830
4	梅香菱	1552	1820	920	840	5132
5	艾羽	300	650	2300	1352	4602
6	彭丽丽	1880	1000	450	1100	4430
7	李霞	1500	320	1460	2000	5280
8	图表					

图6-31

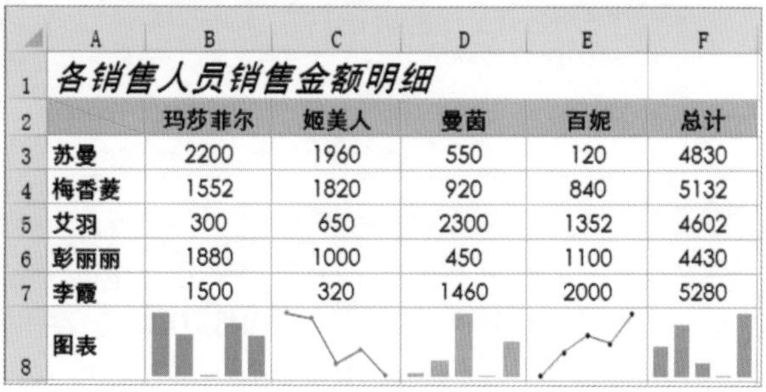

	A	B	C	D	E	F
1	各销售人员销售金额明细					
2		玛莎菲尔	姬美人	曼茵	百妮	总计
3	苏曼	2200	1960	550	120	4830
4	梅香菱	1552	1820	920	840	5132
5	艾羽	300	650	2300	1352	4602
6	彭丽丽	1880	1000	450	1100	4430
7	李霞	1500	320	1460	2000	5280
8	图表					

图6-32

6.1.6 设置图表坐标轴刻度

在选择数据源建立图表时，程序会根据当前数据自动计算刻度的最大值、最小值及刻度单位，一般情况下不需要更改。但有时为了改善图表的表达效果，可以重新更改坐标轴的刻度。

扫一扫 看视频

图6-33所示的图表是一个折线图，因为整体数据只在50000~60000元/m²之间变化，所以可以看到数据的变化趋势在这个默认图表中展现得非常不明显，这时更改坐标轴的刻度显得非常必要。

❶在垂直轴上双击，打开"设置坐标轴格式"右侧窗格。

❷单击"坐标轴选项"标签按钮，在"坐标轴选项"栏中将"边界"的"最小值"更改为50000.0,将"最大值"更改为60000.0,刻度的单位也可以根据实际情况重新

设置，如图6-34所示。由于刻度值的改变，可以比较清晰地看到两个系列呈现出的变化趋势，如图6-35所示。

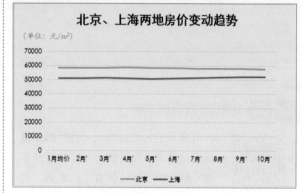

图6-33

图6-34

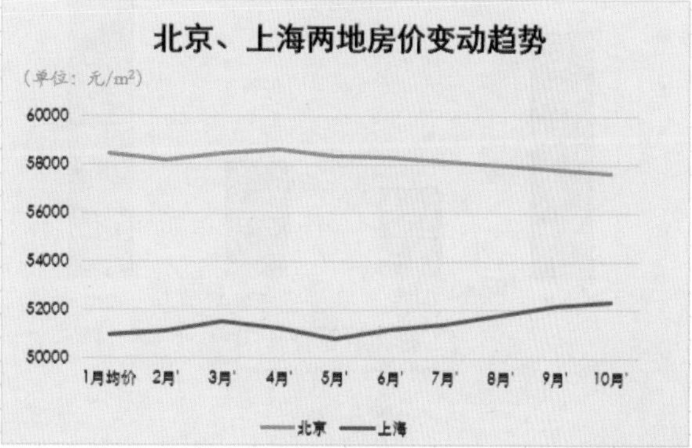

北京、上海两地房价变动趋势

图6-35

经验之谈

当更改了坐标轴的刻度后，等于对刻度的值进行了固定(默认是自动)，如果后期要在这张图表上通过更改数据源的方式创建新的图表，刻度值就不会自动根据数据源值而变化了。因此，如果出现这种情况，应该根据需要重新设置刻度值，或者在刻度设置框右侧单击"重置"按钮让刻度恢复到自动状态。

6.1.7 编辑数据系列名称

扫一扫 看视频

系列的名称会根据所选择的数据源自动生成，如果自动生成的系列名称不能清晰地标注图表中的系列，则需要更改系列的名称。

如图6-36所示，图表系列名称相同(实际是两个商场的"纯毛类")，用户无法分辨，此时则需要重新更改系列的名称。

❶选中图表，单击"图表设计"选项卡的"数据"组中的"选择数据"按钮，打开"选择数据源"对话框(可以看到当前两个系列的名称相同)，如图6-37所示。

❷选中系列，单击"编辑"按钮，打开"编辑数据系列"对话框，在"系列名称"文本框中直接输入系列的完整名称，如图6-38所示。

❸设置完成后，依次单击"确定"按钮，在图表中即可看到图例项中的系列名称进行了相应的更改，使图表的表达效果更加直观，如图6-39所示。

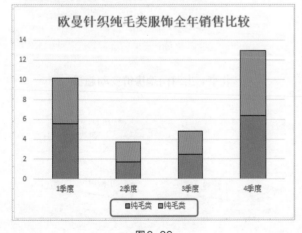

图6-36

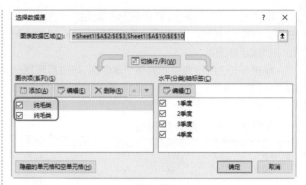

图6-37

图6-38

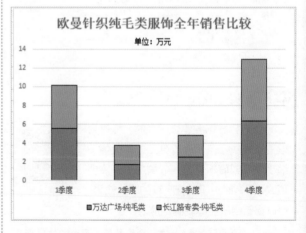

图6-39

6.1.8 更改垂直轴的位置

扫一扫 看视频

垂直轴默认显示在图表的左侧，用户可以根据布局需求将垂直轴显示在中间，达到一种左右分隔的图表效果。要实现这一效果，需要进行如下设置。

❶在水平坐标轴上右击，在弹出的快捷菜单中选择"设置坐标轴格式"选项(见图6-40)，打开"设置坐标轴格式"右侧窗格。

❷在"坐标轴选项"栏中，设置"纵坐标轴交叉"的"分类编号"为2，如图6-41所示。

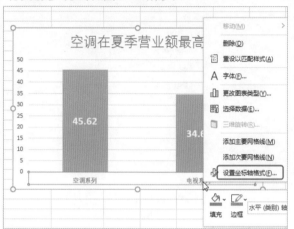

图6-40

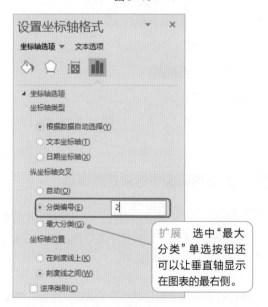

图6-41

❸关闭"设置坐标轴格式"右侧窗格，可以看到图表的数值轴显示在图表的正中间位置，效果如图6-42所示。

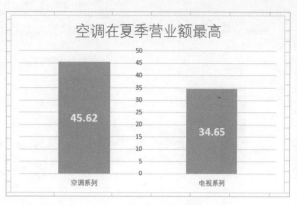

图6-42

经验之谈

对于交叉位置的设置，需要参考当前图表的分类数，不同图表的分类数都不同。分类数为水平轴上显示的分段标志，这是根据当前图表数据自动生成的。

6.1.9 突出显示最大和最小数据

为了可以清晰明了地看到图表中的最大值和最小值，可以单独为指定数据添加数据标签。

扫一扫 看视频

❶选中"4季度"数据系列(此时所有数据点均是选中状态)，然后在该系列的最大数据点上单击，此时选中的是该数据点。

❷单击右上角的➕按钮，在展开的列表中，勾选"数据标签"复选框，如图6-43所示。

❸按相同的方法选中最低的数据点(2季度)，然后按照相同的操作方式为其添加数据标签。图6-44所示为添加了最大值和最小值数据标签的图表效果。

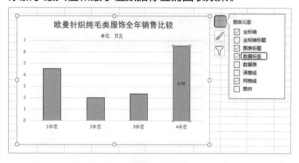

图6-43

109

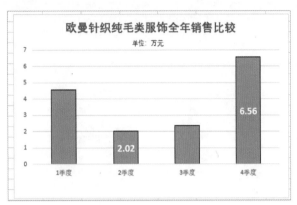

图6-44

经验之谈

　　添加数据标签的操作都是相同的，要想突出显示特殊的数据标记，关键是要准确选中数据点，然后再按相同的方法添加即可。

6.1.10 将图表的负值数据标签移至外侧

　　如果图表中有负值，负值的形状会挡住标签，如图6-45所示，通过设置将图表的数据标签移到图外，就会避免这种情况。

❶在垂直轴上双击，打开"设置坐标轴格式"右侧窗格。

❷展开"标签"栏，在"标签位置"设置框中单击右侧的下拉按钮，在打开的下拉列表中选择"低"，如图6-46所示，按Enter键即可将数据标签移到图外，如图6-47所示。

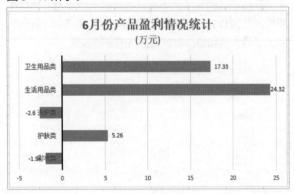

图6-45

图6-46

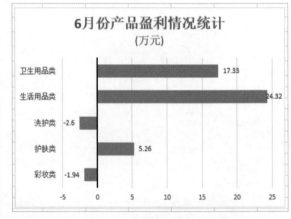

图6-47

6.1.11 分离饼图中的重要数据点

　　建立饼图后，可以将特定的扇面（如占比最大、最小的扇面）分离出来以突出显示。

❶在饼图扇面上单击选中所有扇面，然后在需要分离的扇面上单击选中单个扇面。右击，在弹出的快捷菜单中选择"设置数据点格式"选项(见图6-48)，打开"设置数据点格式"右侧窗格。

❷在"点分离"下的数值框中修改分离值为28%，

第2篇 Excel篇

如图6-49所示。

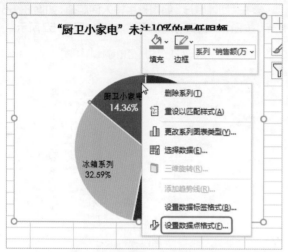

图6-48

图6-49

❸ 关闭对话框后返回图表，即可看到分离后的数据点效果，如图6-50所示。

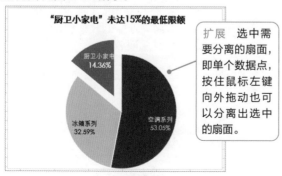

扩展 选中需要分离的扇面，即单个数据点，按住鼠标左键向外拖动也可以分离出选中的扇面。

图6-50

6.1.12 快速添加平均线

扫一扫 看视频

在建立柱形图时，可以通过添加辅助数据的办法在柱形图上添加平均线，从而更加直观地看到各柱子的高度是否达到平均水平，如比较全员业绩是否达到平均业绩指标或者学生成绩是否达到平均分等。

❶ 首先在C列单元格建立辅助列"平均值"，然后选中C2:C7单元格区域，在公式编辑栏中输入公式"=AVERAGE(B2:B7)"，按Ctrl+Shift+Enter组合键（多单元格数组公式）即可计算出平均值（是一组相同的值），如图6-51所示。

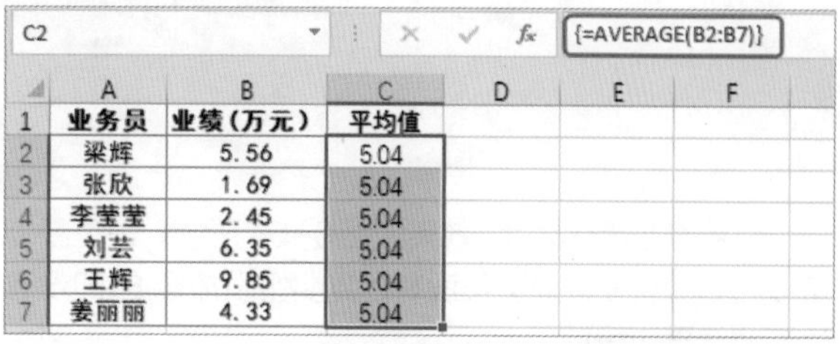

图6-51

❷ 选中A1:C7单元格区域，单击"插入"选项卡的"图表"组中的"插入组合图"按钮，在下拉列表中选择"簇状柱形图-折线图"（见图6-52），即可插入组合图。

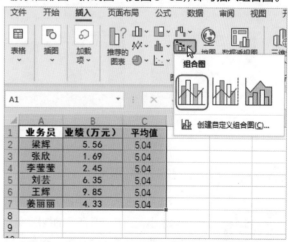

图6-52

❸ 选择平均线数据系列，单击"格式"选项卡的"形状样式"组中的"形状轮廓"按钮（平均线的轮廓样式、颜色等都可以在这里设置），在下拉列表中将鼠标指针指向

"虚线"选项，在弹出的子列表中选择平均线的虚线样式，如图6-53所示。

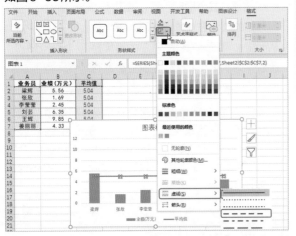

图6-53

❹完善与美化图表，效果如图6-54所示。通过图表可以看到共有三位业务员没有达到奖金发放标准（即没有达到业绩平均线）。

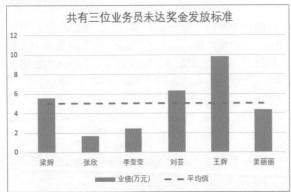

图6-54

6.1.13 调整图表各分类间距

扫一扫 看视频

分类间距是指图表中各个分类间的距离大小，图6-55所示的柱形图中的一项费用就是一个分类，一个分类中包含两个柱子。这个分类间距可以按实际需要自定义设置。

❶在数据系列上双击，打开"设置数据系列格式"右侧窗格。

❷在"间隙宽度"编辑框中输入间距值，如图6-56所示，按Enter键即可调整间距，效果如图6-57所示。

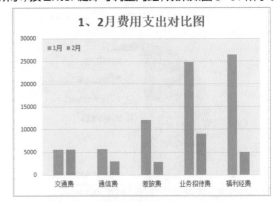

图6-55

图6-56

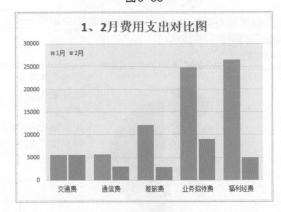

图6-57

还可以对系列的重叠程度进行设置,如果设置系列重叠的值为正值,则可以让柱子半重叠显示(如果设置的值为100%,则完全重叠),如图6-58所示。

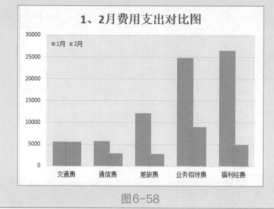

图6-58

图表中的对象不仅仅只有数据系列,还有标题、数据标签、图表区、绘图区等,它们都可以设置填充色。例如,选中图表区,在"形状填充"下拉列表中选择填充颜色,可以达到如图6-60所示的效果。

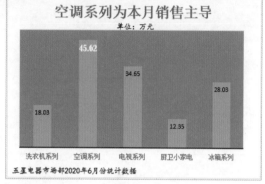

图6-60

6.1.14 图表对象填充设置

图表中对象的填充效果都可以重新设置,可以统一改变一个系列的填充效果,也可以对单个特殊的对象设置填充,以达到增强表达效果的目的。建立图表后,系列都有默认的颜色,如果对默认颜色不满意,也可以重新更改。

在系列上单击选中,单击"格式"选项卡的"形状样式"组中的"形状填充"下拉按钮,在打开的下拉列表中重新选择填充颜色,如图6-59所示。

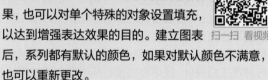

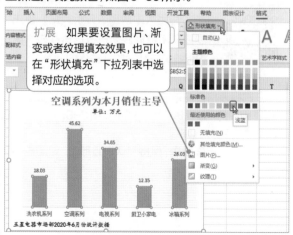

图6-59

经验之谈

如果要准确地选取图表中的指定对象元素,将鼠标指针在该对象上悬停2秒,即可显示提示文字,显示该对象的具体名称,方便我们快速准确地选取指定对象。

6.1.15 套用图表样式

创建图表后,可以直接套用系统默认的图表样式一键美化图表。自Excel 2016版本开始,在图表样式方面进行了很大的改善,它在色彩及图表布局方面都给出了较多专业的方案,这给初学者提供了较大的便利。

❶图6-61所示为创建的默认图表样式及布局。选中图表,单击右侧的"图表样式"按钮,在打开的列表中显示出了所有可以套用的样式。

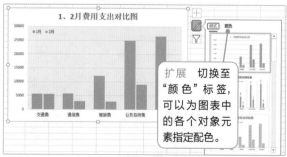

图6-61

❷ 图6-62和图6-63所示为一键套用的两种不同的样式。

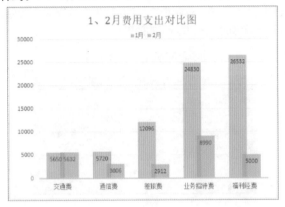

图6-62

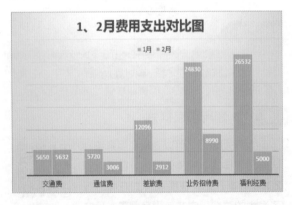

图6-63

❸ 针对不同的图表类型，程序给出的样式会有所不同，图6-64所示为折线图及其样式。

❹ 图6-65所示为套用其中一种样式的效果。

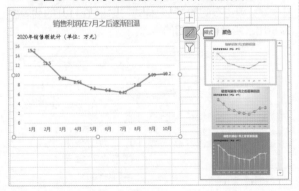

图6-64

图6-65

6.2 数据透视表

分析数据除了可以使用筛选和排序、分类汇总功能外，还可以为数据创建数据透视表，将某一类数据汇总统计，如按月统计销售数据、按费用类别统计总支出额、按学历统计占百分比值等，用户可以通过设置不同的字段名称、字段位置、字段顺序及值汇总方式，对大数据表格执行分类汇总统计，还可以根据数据透视表添加切片器筛选，以及创建数据透视图。

6.2.1 创建数据透视表

扫一扫 看视频

利用数据透视表分析数据，首先需要利用数据源创建数据透视表，再根据需要添加字段进行分析。

❶ 选择表格任意单元格区域，单击"插入"选项卡的"表格"组中的"数据透视表"按钮(见图6-66)，打开"创建数据透视表"对话框。

❷ 若没有特殊要求，保持默认设置即可，如图6-67所示。

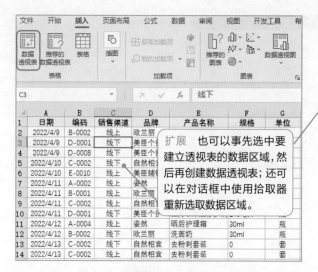

图6-66

图6-67

❸单击"确定"按钮，即可在新工作表中创建数据透视表，如图6-68所示。

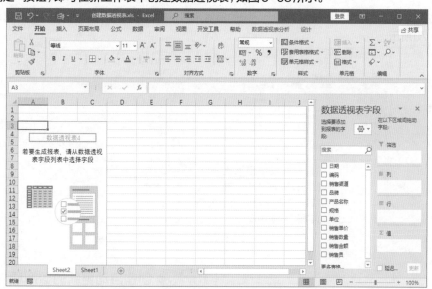

图6-68

6.2.2 添加字段

数据透视表的强大功能体现在字段的设置上，不同字段的组合可以获取不同的统计效果，用户可以根据分析需要随时调整字段。

扫一扫 看视频

❶在图6-69所示的数据透视表中，选中"品牌"为行标签(默认)，"销售金额"为值字段，可以快速统计出不同品牌的销售金额。

图6-69

②如果现在需要统计出不同销售渠道下各个品牌的销售金额，将"销售渠道"字段拖至列标签区域，即可看到统计结果，如图6-70所示。

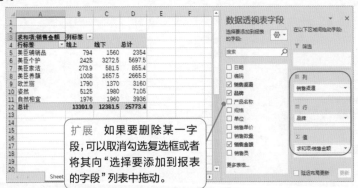

图6-70

经验之谈

数据透视表中的一个标签框内可以显示多个字段，当将多个字段添加到同一列表框中之后，它们的显示顺序决定了数据透视表的显示效果。字段默认的显示顺序为添加时的顺序，如果觉得字段顺序不合理，可以进行调整。

例如，在数据透视表字段列表中，单击行标签中的"销售员"，在下拉列表中选择"上移"选项，即可将"销售员"字段上移一层，统计结果也会发生变化。

6.2.3 创建自动更新的数据透视表

扫一扫 看视频

在日常工作中，除了使用固定的数据创建数据透视表进行分析外，很多情况下数据源表格是实时变化的。例如，需要在销售数据表中不断地添加新的销售记录数据，这样在创建数据透视表后，如果想得到最新的统计结果，每次都要手动重设数据透视表的数据源，非常麻烦。遇到这种情况就可以使用"表"功能创建动态数据透视表。

❶选中数据表中的任意单元格,单击"插入"选项卡的"表格"组中的"表格"按钮(见图6-71),打开"创建表"对话框。

❷对话框中的"表数据的来源"默认自动显示为当前数据表单元格区域,如图6-72所示。单击"确定"按钮完成表的创建,默认名称为"表1"。

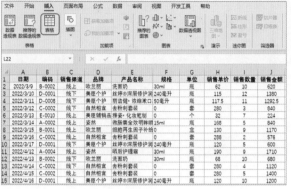

图6-71

图6-72

❸单击"插入"选项卡的"表格"组中的"数据透视表"按钮,打开"创建数据透视表"对话框,在"表/区域"文本框中输入"表1",如图6-73所示。

图6-73

❹单击"确定"按钮,即可创建一张空白的动态数据透视表。添加字段达到统计目的,如图6-74所示。

❺当向销售统计表中添加一些新的销售记录数据时,表区域会自动扩展。刷新数据透视表可实现即时更新统计结果。

图6-74

6.2.4 查看某一项的明细数据

数据透视表的统计结果是对多项数据进行汇总的结果,因此建立数据透视表后,双击汇总项中的任意单元格,可以新建一张工作表显示出相应的明细数据。

扫一扫 看视频

例如,针对本例的数据透视表,选中B4单元格(见图6-75),双击即可新建一张工作表,显示的是"日期"为3月的销售记录,如图6-76所示。

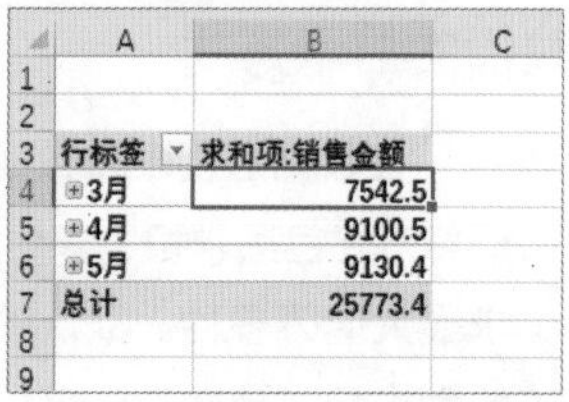

行标签	求和项:销售金额
⊞3月	7542.5
⊞4月	9100.5
⊞5月	9130.4
总计	25773.4

图6-75

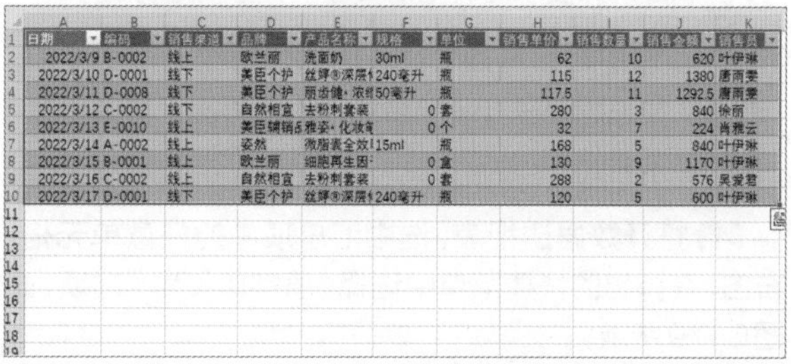

图6-76

如果设置了双标签，还可以查看同时满足两个条件的明细数据。例如，针对本例的数据透视表，选中B12单元格(见图6-77)，双击建立的是同时满足"销售渠道"为"线上"且"品牌"为"自然相宜"的明细数据表，如图6-78所示。

品牌	值 平均销售额	最大销售额	最低销售额
□线上	787.7588235	1710	123.9
美臣辅销品	264.6666667	420	150
美臣个护	808.3333333	1200	325
美臣家洁	136.95	150	123.9
美臣养颜	1008	1008	1008
欧兰丽	895	1170	620
姿然	1281.25	1710	840
自然相宜	988	1400	576
□线下	952.4230769	1980	40
美臣辅销品	780	1520	40
美臣个护	1090.833333	1380	600
美臣家洁	290.75	375	206.5
美臣养颜	1657.5	1657.5	1657.5
欧兰丽	685	690	680
姿然	1980	1980	1980

图6-77

日期	编码	销售渠道	品牌	产品名称	规格	单位	销售单价	销售数量	销售金额
2022/4/15	C-0002	线上	自然相宜	去粉刺套装	0	套	280	5	1400	徐颖
2022/3/16	C-0002	线上	自然相宜	去粉刺套装	0	套	288	2	576	吴雪君

图6-78

6.2.5 更改值的显示方式

扫一扫 看视频

在数据透视表和数据透视图中，汇总方式包括求和、求平均值、计数、求最大值等多种。默认的汇总方式一般为求和或计数，当默认的汇总方式不能满足统计要求时，则需要重新更改汇总方式。

本例中原先将各个品牌的销售金额进行了求和汇总，如果想要统计各品牌的平均销售额，可以更改值的显示方式。

❶打开数据透视表，选中汇总项中的任意单元格，右击，在弹出的快捷菜单中选择"值字段设置"选项，如图6-79所示。

❷打开"值字段设置"对话框。切换到"值汇总方式"

选项卡，在列表框中可以选择汇总方式，这里选择"平均值"，设置"自定义名称"为"平均销售额"，如图6-80所示。

行标签	求和项:销售金额
美臣辅销品	235
美臣个护	5697.
美臣家洁	855.
美臣养颜	2665.
欧兰丽	316
姿然	710
自然相宜	393
总计	25773.

图6-79

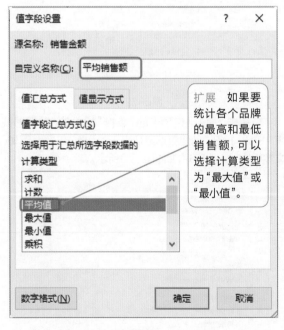

扩展 如果要统计各个品牌的最高和最低销售额，可以选择计算类型为"最大值"或"最小值"。

图6-80

❸设置完成后，单击"确定"按钮，即可汇总出各品牌的平均销售额，如图6-81所示。

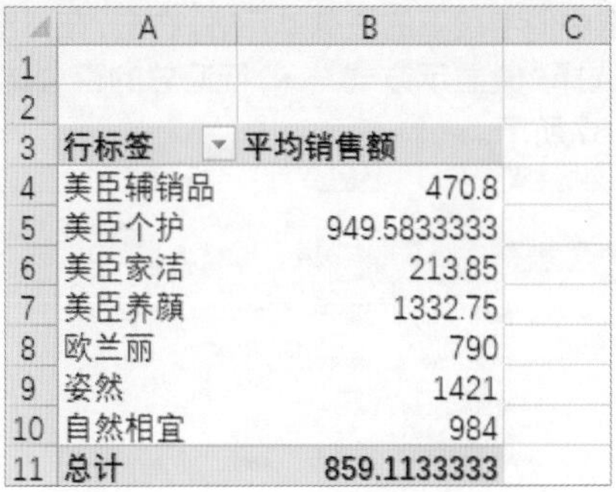

	A	B	C
1			
2			
3	行标签	平均销售额	
4	美臣辅销品	470.8	
5	美臣个护	949.5833333	
6	美臣家洁	213.85	
7	美臣养颜	1332.75	
8	欧兰丽	790	
9	姿然	1421	
10	自然相宜	984	
11	总计	859.1133333	

图6-81

6.2.6 同时使用多种汇总方式

当添加字段为值字段时，并非只能使用一种汇总方式，而是可以对同一字段使用多种方式进行汇总。例如，本例中要求同时统计出各个品牌的平均销售额、最高销售额、最低销售额。

扫一扫 看视频

❶创建数据透视表后，在“数据透视表字段”右侧窗格中，连续3次将“销售金额”字段拖入“值”区域。数据透视表中将新增3个字段：“求和项：销售金额”“求和项：销售金额2”和“求和项：销售金额3”，如图6-82所示。

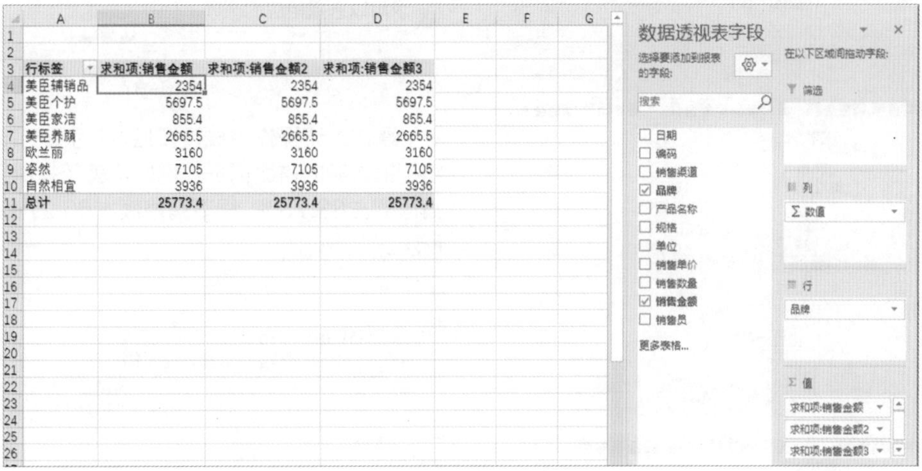

行标签	求和项:销售金额	求和项:销售金额2	求和项:销售金额3
美臣辅销品	2354	2354	2354
美臣个护	5697.5	5697.5	5697.5
美臣家洁	855.4	855.4	855.4
美臣养颜	2665.5	2665.5	2665.5
欧兰丽	3160	3160	3160
姿然	7105	7105	7105
自然相宜	3936	3936	3936
总计	25773.4	25773.4	25773.4

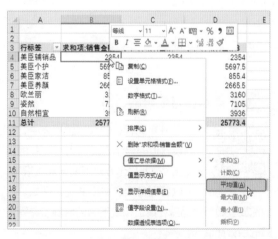

图6-82

❷在“求和项：销售金额”字段上右击，在弹出的快捷菜单中选择“值汇总依据”→“平均值”选项，如图6-83所示，即可将“求和项：销售金额”字段的汇总方式更改为求平均值。

❸在“求和项：销售金额2”字段上右击，在弹出的快捷菜单中选择“值汇总依据”→“最大值”选项，如图6-84所示，即可将“求和项：销售金额2”字段的汇总方式更改为求最大值。

❹重复上面的步骤，将“求和项：销售金额3”字段的汇总方式设置为“最小值”，如图6-85所示。

❺依次选中“平均值项：销售金额”等字段名称，在编辑栏中重新定义字段的名称，最终效果如图6-86所示。

图6-83

图6-84

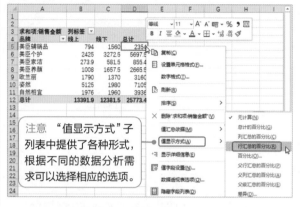

行标签	平均值项:销售金额	最大值项:销售金额2	最小值项:销售金额3
美臣辅销品	470.8	1520	40
美臣个护	949.5833333	1380	325
美臣家洁	213.85	375	123.9
美臣养颜	1332.75	1657.5	1008
欧兰丽	790	1170	620
姿然	1421	1980	840
自然相宜	984	1400	576
总计	859.1133333	1980	40

图6-85

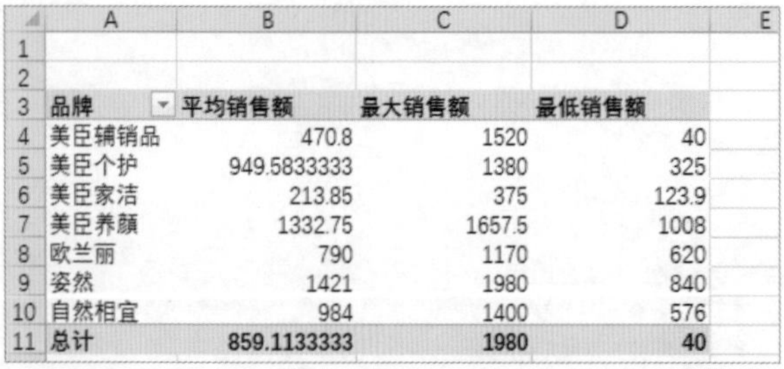

品牌	平均销售额	最大销售额	最低销售额
美臣辅销品	470.8	1520	40
美臣个护	949.5833333	1380	325
美臣家洁	213.85	375	123.9
美臣养颜	1332.75	1657.5	1008
欧兰丽	790	1170	620
姿然	1421	1980	840
自然相宜	984	1400	576
总计	859.1133333	1980	40

图6-86

6.2.7 显示占行汇总的百分比

扫一扫 看视频

在有列标签的数据透视表中，可以设置值的显示方式为占行汇总的百分比。在此显示方式下横向观察报表，可以看到各项的占比情况。例如，本例需要查看每个品牌在线上和线下的销售额占总销售额的百分比情况。

❶选中值字段下的任意单元格，右击，在弹出的快捷菜单中选择"值显示方式"→"行汇总的百分比"选项，如图6-87所示。

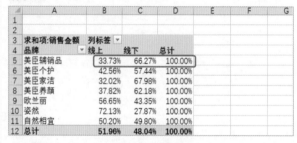

注意 "值显示方式"子列表中提供了各种形式，根据不同的数据分析需求可以选择相应的选项。

图6-87

❷按上述操作完成设置后，即可看到各品牌线上和线下销售额的占比情况。例如，"美臣辅销品"品牌线上销售额占33.73%，线下销售额占66.27%，如图6-88所示。

品牌	线上	线下	总计
美臣辅销品	33.73%	66.27%	100.00%
美臣个护	42.56%	57.44%	100.00%
美臣家洁	32.02%	67.98%	100.00%
美臣养颜	37.82%	62.18%	100.00%
欧兰丽	56.65%	43.35%	100.00%
姿然	72.13%	27.87%	100.00%
自然相宜	50.20%	49.80%	100.00%
总计	51.96%	48.04%	100.00%

图6-88

6.2.8 显示占父行汇总的百分比

扫一扫 看视频

如果设置了双行标签，可以设置值的显示方式为占父行汇总的百分比。在此显示方式下可以看到每一个父级下的各个类别所占的百分比。

❶选中值字段下的任意单元格，右击，在弹出的快捷菜单中选择"值显示方式"→"父行汇总的百分比"选项，如图6-89所示。

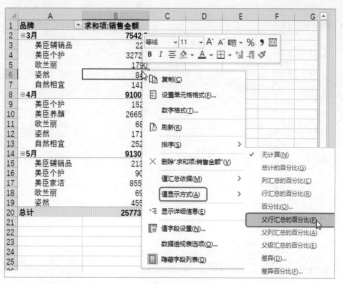

图6-89

❷ 按上述操作完成设置后，即可看到每个月份下各个品牌的销售金额所占的百分比，同时也显示出三个月中各个月份销售金额占总销售金额的百分比，如图6-90所示。

图6-90

6.2.9 ▶ 日期数据分组

如果数据表中使用的是标准的日期数据，当数据涉及多月份时，添加日期字段时会自动按月进行分组。

扫一扫 看视频

❶ 如图6-91所示，当添加"日期"字段到行标签后，"月"字段是自动生成的。

❷ 如果这时不需要按日统计，只需要按月统计，可以在行标签中将"日期"字段拖出，只保留"月"字段，可以单击月份前面的 ⊞ 按钮查看按"品牌"统计的明细数据，如图6-92所示。

❸单击"确定"按钮，即可看到数据透视表达到如图6-94所示的统计效果。

经验之谈

通过更改字段的值显示方式还可以统计出指定分数区间人数的占比情况。

选中数据透视表，选中值字段下的任意单元格，右击，在弹出的快捷菜单中选择"值显示方式"→"总计的百分比"选项（见图6-97），即可统计出各分数区间人数占总人数的百分比，如图6-98所示。

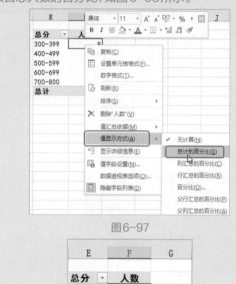

图6-97

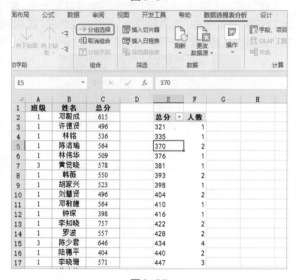

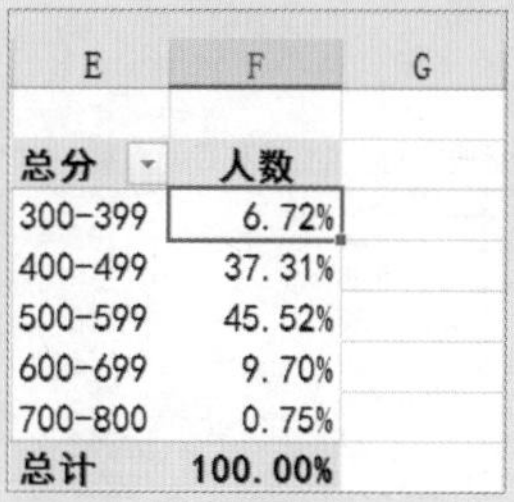

图6-94

图6-95

❷设置"起始于""终止于""步长"为相应的值，如图6-96所示。

图6-96

总分	人数
300-399	6.72%
400-499	37.31%
500-599	45.52%
600-699	9.70%
700-800	0.75%
总计	100.00%

图6-98

6.2.11 统计网站点击量

当前的报表中按时间统计了各个时间点的网站点击量，以这种方式统计出来的数据非常繁杂，达不到统计的目的，如图6-99所示。下面通过分组统计出每小时的网站点击量。

扫一扫 看视频

❶打开数据透视表，选中"行标签"字段下的任意项，单击"数据透视表分析"选项卡的"组合"组中的"分组选择"按钮（见图6-100），打开"组合"对话框。

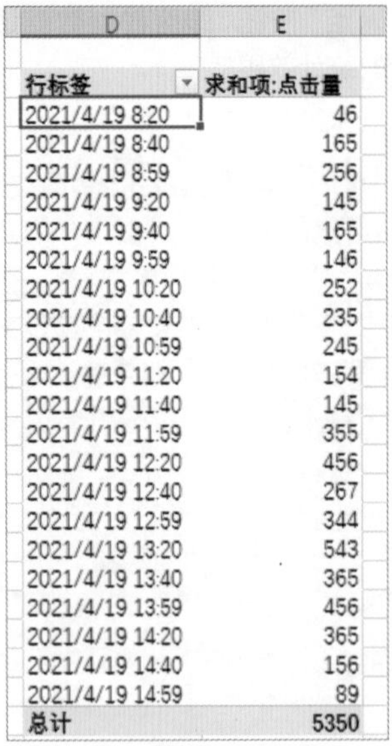

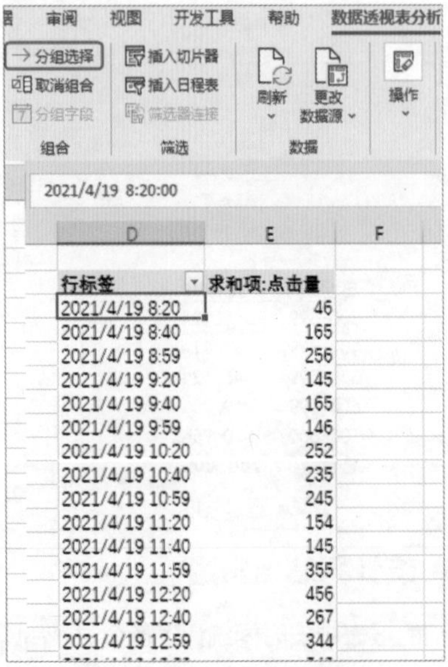

行标签	求和项:点击量
2021/4/19 8:20	46
2021/4/19 8:40	165
2021/4/19 8:59	256
2021/4/19 9:20	145
2021/4/19 9:40	165
2021/4/19 9:59	146
2021/4/19 10:20	252
2021/4/19 10:40	235
2021/4/19 10:59	245
2021/4/19 11:20	154
2021/4/19 11:40	145
2021/4/19 11:59	355
2021/4/19 12:20	456
2021/4/19 12:40	267
2021/4/19 12:59	344
2021/4/19 13:20	543
2021/4/19 13:40	365
2021/4/19 13:59	456
2021/4/19 14:20	365
2021/4/19 14:40	156
2021/4/19 14:59	89
总计	5350

图6-99

行标签	求和项:点击量
2021/4/19 8:20	46
2021/4/19 8:40	165
2021/4/19 8:59	256
2021/4/19 9:20	145
2021/4/19 9:40	165
2021/4/19 9:59	146
2021/4/19 10:20	252
2021/4/19 10:40	235
2021/4/19 10:59	245
2021/4/19 11:20	154
2021/4/19 11:40	145
2021/4/19 11:59	355
2021/4/19 12:20	456
2021/4/19 12:40	267
2021/4/19 12:59	344

图6-100

❷在"步长"列表框中取消选择默认的"月"，选择"小时"，完成分组条件的设置，如图6-101所示。

❸单击"确定"按钮，此时可以看到数据透视表中显示出了每小时的网站点击量，如图6-102所示。

行标签	求和项:点击量
8时	467
9时	456
10时	732
11时	654
12时	1067
13时	1364
14时	610
总计	5350

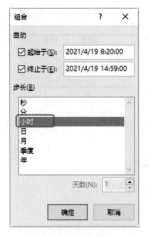

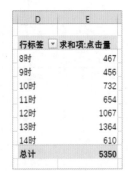

图6-101　　图6-102

❹选中"求和项:点击量"字段下的任意单元格，单击"数据"选项卡的"排序和筛选"组中的"降序"按钮，将点击量按从高到低进行排序，如图6-103所示。

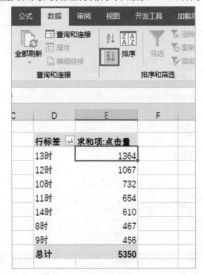

行标签	求和项:点击量
13时	1364
12时	1067
10时	732
11时	654
14时	610
8时	467
9时	456
总计	5350

图6-103

6.2.12 建立季度统计报表

扫一扫 看视频

在为日期型数据添加字段后，一般都会自动按月汇总并形成月统计报表，如图6-104所示，根据月统计报表还可以快速生成季度统计报表。

A	B	C	D	E	F	G
序号	日期	类别	金额		行标签 ▼	求和项:金额
001	2020/1	差旅费	¥ 2,200.00		⊞1月	3850
002	2020/1	餐饮费	¥ 1,650.00		⊞2月	8263
003	2020/2	差旅费	¥ 5,400.00		⊞3月	4087
004	2020/2	餐饮费	¥ 2,863.00		⊞4月	3950
005	2020/3	差旅费	¥ 1,500.00		⊞5月	3587
006	2020/3	餐饮费	¥ 2,587.00		⊞6月	3758
007	2020/4	差旅费	¥ 2,450.00		⊞7月	5355
008	2020/4	餐饮费	¥ 1,500.00		⊞8月	3500
009	2020/5	差旅费	¥ 2,000.00		⊞9月	4965
010	2020/5	餐饮费	¥ 1,587.00		⊞10月	5650
011	2020/6	差旅费	¥ 258.00		⊞11月	3450
012	2020/6	餐饮费	¥ 3,500.00		⊞12月	8800
013	2020/7	差旅费	¥ 2,680.00		总计	59215
014	2020/7	餐饮费	¥ 2,675.00			
015	2020/8	差旅费	¥ 1,500.00			
016	2020/8	餐饮费	¥ 2,000.00			
017	2020/9	差旅费	¥ 2,165.00			
018	2020/9	餐饮费	¥ 2,800.00			
019	2020/10	差旅费	¥ 3,000.00			
020	2020/10	餐饮费	¥ 2,650.00			

图6-104

图6-106

F	G
行标签 ▼	求和项:金额
第一季	16200
第二季	11295
第三季	13820
第四季	17900
总计	59215

图6-107

❶针对图6-104所示的月统计报表,选中"行标签"字段下的任意单元格,在"数据透视表分析"选项卡的"组合"组中单击"分组选择"按钮(见图6-105),打开"组合"对话框,在"步长"列表框中选择"季度",如图6-106所示。

❷单击"确定"按钮即可建立季度统计报表,如图6-107所示。

6.2.13 按地域统计补贴金额

扫一扫 看视频

本例中的数据透视表中统计了各个村对于山林征用的补贴金额,如图6-108所示。由于一个乡镇下辖多个村,现在要求以乡镇为单位统计出总补贴金额,即得到如图6-109所示的统计结果。

图6-105

A	B	C
村名 ▼	求和项:补贴金额	
百元镇刘家营	1611	
百元镇宋元里	918	
百元镇新村	960	
独树乡 宋家村	3312	
独树乡马店	2799	
独树乡宋家村	993	
刘阳镇高湖	1515	
刘阳镇下寺	1401	
山北乡李家岗	2088	
山北乡沈村	1407	
山北乡下河村	2529	
太极乡陈家村	930	
太极乡跑马岗	1554	
太极乡姚沟	1110	
太极乡赵老庄	1467	
周城镇高桥	1305	
周城镇老树庄	1971	
周城镇芦塘村	1056	
周城镇苗西村	2076	
总计	31002	

图6-108

	A	B
2		
3	乡镇名称	求和项:补贴金额
4	百元镇	3489
5	独树乡	7104
6	刘阳镇	2916
7	山北乡	6024
8	太极乡	5061
9	周城镇	6408
10	总计	31002

图6-109

❶ 在数据透视表中选中所有"百元镇"的数据，单击"数据透视表分析"选项卡的"组合"组中的"分组选择"按钮，如图6-110所示。此时数据透视表中增加了一个"数据组1"的分组，如图6-111所示。

图6-110

图6-111

在建立了数据透视表后，默认文本会被排序，如果出现未排到一起的情况，可以选中"村名"字段下任意单元格，手动执行一次排序命令。

❷ 选中"数据组1"，在编辑栏中将该名称重命名为"百元镇"，如图6-112所示。

图6-112

❸ 在数据透视表中选中所有"独树乡"的数据，单击"数据透视表分析"选项卡的"组合"组中的"分组选择"按钮，如图6-113所示。此时数据透视表中增加了一个"数据组2"的分组。选中"数据组2"，在编辑栏中将该名称重命名为"独树乡"，如图6-114所示。

❹ 重复相同的步骤根据不同的乡镇名称共建立了6个分组，如图6-115所示。

❺ 在"数据透视表字段"右侧窗格中取消勾选"村名"复选框，得到如图6-116所示的统计结果。

图6-113

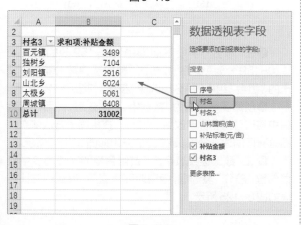

图6-114

	A	B	C
2			
3	村名3	村名	求和项:补贴金额
4	⊟百元镇	百元镇刘家营	1611
5		百元镇宋元里	918
6		百元镇新村	960
7	百元镇 汇总		3489
8	⊟独树乡	独树乡 宋家村	3312
9		独树乡马店	2799
10		独树乡宋家村	993
11	独树乡 汇总		7104
12	⊟刘阳镇	刘阳镇高湖	1515
13		刘阳镇下寺	1401
14	刘阳镇 汇总		2916
15	⊟山北乡	山北乡李家岗	2088
16		山北乡沈村	1407
17		山北乡下河村	2529
18	山北乡 汇总		6024
19	⊟太极乡	太极乡陈家村	930
20		太极乡跑马岗	1554
21		太极乡姚沟	1110
22		太极乡赵老庄	1467
23	太极乡 汇总		5061
24	⊟周城镇	周城镇高桥	1305
25		周城镇老树庄	1971
26		周城镇芦塘村	1056
27		周城镇苗西村	2076
28	周城镇 汇总		6408
29	总计		31002

图6-115

	A	B	C
2			
3	村名3	求和项:补贴金额	
4	百元镇	3489	
5	独树乡	7104	
6	刘阳镇	2916	
7	山北乡	6024	
8	太极乡	5061	
9	周城镇	6408	
10	总计	31002	

数据透视表字段

选择要添加到报表的字段:

搜索

- ☐ 序号
- ☑ 村名
- ☐ 村名2
- ☐ 山林面积(亩)
- ☐ 补贴标准(元/亩)
- ☑ 补贴金额
- ☑ 村名3

更多表格...

图6-116

6.2.14 评定分数等级

当前数据透视表如图6-117所示,要求按成绩划分等级,即针对不同的分数段给予不同的等级。具体要求为:160~200 分为"优秀"、120~159 分为"良好"、90~119 分为"合格"、89分及以下为"补考",即达到图 6-118 所示的最终结果。

扫一扫 看视频

	A	B	C	D
2				
3	总分	分部名称	人数	
4	⊟63		1	
5		经开分部	1	
6	⊟71		1	
7		经开分部	1	
8	⊟82		1	
9		包河分部	1	
10	⊟88		1	
11		蜀山分部	1	
12	⊟90		2	
13		包河分部	1	
14		杏林分部	1	
15	⊟93		1	
16		蜀山分部	1	
17	⊟95		2	
18		包河分部	1	
19		杏林分部	1	
20	⊟102		2	
21		蜀山分部	1	
22		杏林分部	1	
23	⊟105		1	
24		包河分部	1	
25	⊟112		2	
26		经开分部	2	
27	⊟117		1	
28		杏林分部	1	
29	⊟118		1	
30		包河分部	1	
31	⊟136		1	

图6-117

	A	B	C
2			
3	考核评级	分部名称	人数
4	⊟优秀		4
5		包河分部	1
6		经开分部	2
7		蜀山分部	1
8	⊟良好		7
9		包河分部	1
10		经开分部	1
11		蜀山分部	3
12		杏林分部	2
13	⊟合格		13
14		包河分部	4
15		经开分部	2
16		蜀山分部	2
17		杏林分部	5
18	⊟补考		4
19		包河分部	1
20		经开分部	2
21		蜀山分部	1
22	总计		28

图6-118

第2篇 Excel篇

由于本例要求的各个分数区间具有不确定性，因此无法直接使用自动分组功能，此时需要手动进行分组来达到这一效果。

❶选中"总分"字段下的任意单元格，单击"数据"选项卡的"排序和筛选"组中的"降序"按钮，将总分从大到小进行排序，如图6-119所示。

❷在"总分"字段下面选中160~200分的所有项（160~200分为"优秀"），单击"数据透视表分析"选项卡的"组合"组中的"分组选择"按钮，如图6-120所示。

图6-119

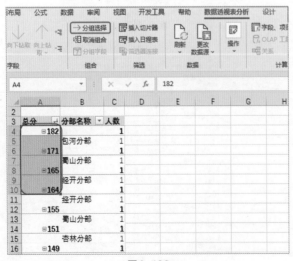

图6-120

❸此时即可创建一个名为"数据组1"的分组，如图6-121所示。在编辑栏中将该分组名称修改为"优秀"，如图6-122所示。

图6-121

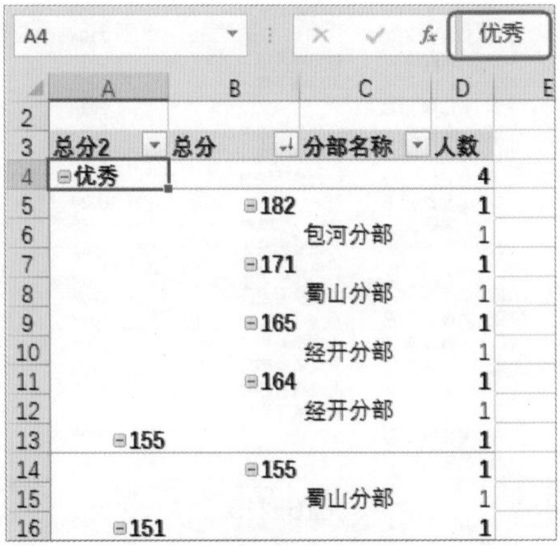

图6-122

❹在"总分"字段下面选中120~159分的所有项（120~159分为"良好"），单击"数据透视表分析"选项卡的"组合"组中的"分组选择"按钮，如图6-123所示。

❺创建了一个名为"数据组2"的分组，然后在编辑栏中将该分组名称修改为"良好"。按相同的方法依次根据分数区间建立分组，建立好的分组如图6-124所示。

❻在"数据透视表字段"右侧窗格的字段列表中取消勾选"总分"复选框，隐藏明细数据后，得到的统计报表如图6-125所示。

图6-123

图6-124

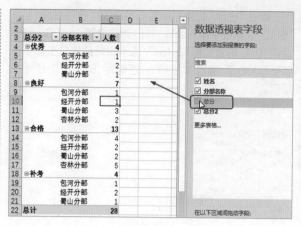

图6-125

6.2.15 自定义公式计算销售提成

本例中的数据透视表已经统计出了各销售员的销售总金额，现在要求根据销售总金额计算各销售员所获取的销售提成。此时可以创建一个用于计算销售提成的字段。

扫一扫 看视频

❶选中值字段下的任意单元格，右击，在弹出的快捷菜单中选择"值显示方式"→"父行汇总的百分比"选项，如图6-126所示。

图6-126

❷选中数据透视表，单击"数据透视表分析"选项卡的"计算"组中的"字段、项目和集"下拉按钮，在打开的下拉列表中选择"计算字段"选项，打开"插入计算字段"对话框，如图6-127所示。

❸在“名称”文本框中输入名称(如“销售提成”)，在“公式”文本框中输入公式“=IF(销售金额<=5000,销售金额*0.1, 销售金额*0.15)”，表示如果销售总金额小于等于5000元，提成率为10%，否则为15%，如图6-128所示。

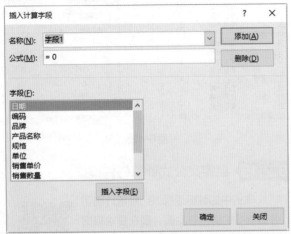

图6-127

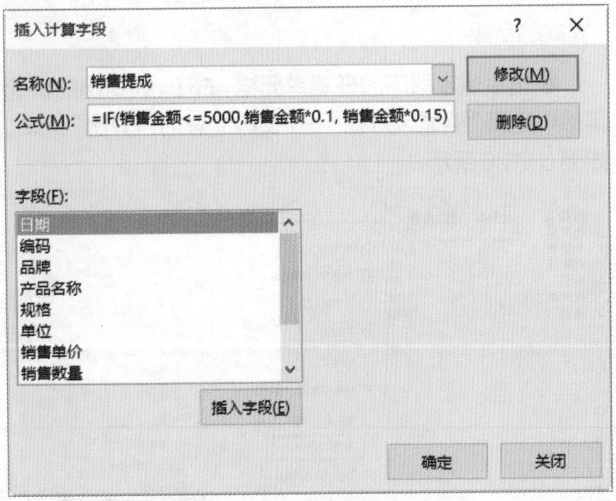

图6-128

❹单击“添加”按钮，然后单击“确定”按钮回到工作表中，可以看到所建立的“销售提成”计算字段被自动添加到数据透视表中，统计结果如图6-129所示(根据销售金额自动计算销售提成)。

	L	M	N
2	行标签	求和项：销售金额	求和项：销售提成
3	唐雨雯	6912.5	1036.875
4	吴爱君	5641.5	846.225
5	肖雅云	5562	834.3
6	徐丽	4735	473.5
7	叶伊琳	3230	323
8	总计	26081	3912.15

图6-129

经验之谈

所创建的计算字段显示在“数据透视表字段”右侧窗格中，如果不想使用这项统计，可以取消勾选该字段相对应的复选框，或者直接将其从下面的“值”区域中拖出。

建立的计算字段通常显示在“数据透视表字段”右侧窗格中，也可以不让它显示在数据透视表中。如果想删除建立的计算字段，打开“插入计算字段”对话框，在“名称”文本框中输入要删除的计算字段的名称，然后单击“删除”按钮即可。

6.2.16 自定义公式计算商品毛利

扫一扫 看视频

图6-130所示的数据透视表中统计了各商品的销售数量、进货平均价与销售平均价。通过插入计算字段可以直观地显示出各个商品的毛利。

❶单击数据透视表中的任意单元格，单击“数据透视表分析”选项卡的“计算”组中的“字段、项目和集”下拉按钮，在打开的下拉列表中选择“计算字段”选项。

❷打开“插入计算字段”对话框，在“名称”文本框中输入“毛利”，在“公式”文本框中输入“=数量*(销售价-进货价)”，如图6-131所示。

	A	B	C	D
3	行标签	求和项:数量	平均值项:进货价	平均值项:销售价
4	包菜	2412	0.98	1.5
5	冬瓜	2411	1.1	1.9
6	花菜	1931	1.24	2.1
7	黄瓜	3957	1.98	2.5
8	茭白	2412	2.76	3.7
9	韭菜	1603	2.38	3.1
10	萝卜	10331	0.45	1.2
11	毛豆	2407	3.19	5.8
12	茄子	4512	1.16	2.7
13	生姜	3069	4.58	7.6
14	蒜黄	5968	1.97	2.6
15	土豆	4814	1.73	3.75
16	西葫芦	3984	2.57	3.9
17	西兰花	2533	2.54	3.89
18	香菜	3784	3.05	3.98
19	紫甘蓝	3402.6	2.97	4.12
20	总计	59530.6	2.234711538	3.502884615

图6-130

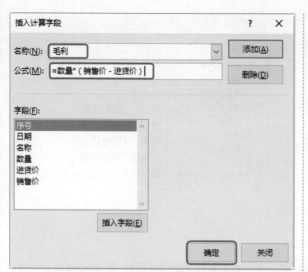

图6-131

❸单击"添加"按钮,然后单击"确定"按钮回到工作表中,可以看到所建立的"毛利"计算字段被自动添加到数据透视表中,统计结果如图6-132所示。

3 行标签	求和项:数量	平均值项:进货价	平均值项:销售价	求和项:毛利
4 包菜	2412	0.98	1.5	6271.2
5 冬瓜	2411	1.1	1.9	9644
6 花菜	1931	1.24	2.1	8303.3
7 黄瓜	3957	1.98	2.5	14403.48
8 茭白	2412	2.76	3.7	11336.4
9 韭菜	1603	2.38	3.1	3462.48
10 萝卜	10331	0.45	1.2	38741.25
11 毛豆	2407	3.19	5.8	25129.08
12 茄子	4512	1.16	2.7	55587.84
13 生姜	3069	4.58	7.6	83415.42
14 蒜黄	5968	1.97	2.6	45118.08
15 土豆	4814	1.73	3.75	77794.24
16 西葫芦	3984	2.57	3.9	42389.76
17 西兰花	2533	2.54	3.89	20517.3
18 香菜	3784	3.05	3.98	28152.96
19 紫甘蓝	3402.6	2.97	4.12	23477.94
20 总计	59530.6	2.234711538	3.502884615	7851490.834

图6-132

6.2.17 添加切片器

切片器是 Excel 2013 以后版本中的新增功能,在建立了数据透视表之后,添加切片器可以实行动态筛选,即通过筛选让数据透视表只统计想要的结果,而且可以随时更换切片器中的设置,从而让统计结果与其保持一致,所以能达到动态筛选的目的。

扫一扫 看视频

❶选中数据透视表中的任意单元格,单击"数据透视表分析"选项卡的"筛选"组中的"插入切片器"按钮,打开"插入切片器"对话框,如图6-133所示。

❷在"插入切片器"对话框中,勾选要为其创建切片器的数据透视表字段的复选框,如图6-134所示,单击"确定"按钮,即可创建一个切片器。

图6-133

图6-134

❸在切片器中,单击需要筛选的项目,即可显示筛选后的统计结果。

❹要同时筛选出多个项目,可以按住Ctrl键不放,接着使用鼠标左键依次单击选中。图6-135显示了多个筛选结果。

图6-135

6.2.18 应用数据透视表样式

扫一扫 看视频

Excel 2021提供了很多数据透视表样式，通过套用数据透视表样式可以达到快速美化的目的，避免逐一设置的麻烦。

❶选中数据透视表中的任意单元格，单击"设计"选项卡的"数据透视表样式选项"组中的"其他"按钮，展开下拉列表，在列表中选择一种样式，如图6-136所示。

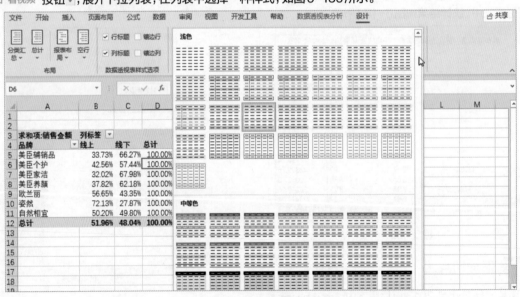

图6-136

❷在样式列表中查询需要的样式，鼠标指向时即时预览，单击即可应用，图6-137和图6-138所示均为应用样式后的效果。

	A	B	C	D
1				
2				
3	求和项:销售金额	列标签		
4	品牌	线上	线下	总计
5	美臣辅销品	33.73%	66.27%	100.00%
6	美臣个护	42.56%	57.44%	100.00%
7	美臣家洁	32.02%	67.98%	100.00%
8	美臣养颜	37.82%	62.18%	100.00%
9	欧兰丽	56.65%	43.35%	100.00%
10	姿然	72.13%	27.87%	100.00%
11	自然相宜	50.20%	49.80%	100.00%
12	总计	51.96%	48.04%	100.00%

图6-137

	A	B	C	D
3	求和项:销售金额	列标签		
4	品牌	线上	线下	总计
5	美臣辅销品	794	1560	2354
6	美臣个护	2425	3272.5	5697.5
7	美臣家洁	273.9	581.5	855.4
8	美臣养颜	1008	1657.5	2665.5
9	欧兰丽	1790	1370	3160
10	姿然	5125	1980	7105
11	自然相宜	1976	1960	3936
12	总计	13391.9	12381.5	25773.4

图6-139

	A	B	C	D
3	求和项:销售金额	列标签		
4	品牌	线上	线下	总计
5	美臣辅销品	33.73%	66.27%	100.00%
6	美臣个护	42.56%	57.44%	100.00%
7	美臣家洁	32.02%	67.98%	100.00%
8	美臣养颜	37.82%	62.18%	100.00%
9	欧兰丽	56.65%	43.35%	100.00%
10	姿然	72.13%	27.87%	100.00%
11	自然相宜	50.20%	49.80%	100.00%
12	总计	51.96%	48.04%	100.00%

图6-138

6.2.19 将数据透视表转换为表格

数据透视表是一种统计报表，很多时候需要将其统计结果复制到其他地方使用。因此在得到统计结果后可以将其转换为普通表格，以方便后续使用。 扫一扫 看视频

❶选中整张数据透视表，按Ctrl+C组合键复制，如图6-139所示。

❷在当前工作表或新工作表中选中一个空白单元格，单击"开始"选项卡的"剪贴板"组中的"粘贴"下拉按钮，打开下拉列表，单击"值和源格式"按钮(见图6-140)，即可将数据透视表中的当前数据转换为普通表格，如图6-141所示。

❸将数据透视表的统计结果转换为普通数据后，就得到了想要的统计结果，可以重新整理与设计表格的格式，得到图6-142所示的统计报表。然后便可以将其复制到任意需要的位置上去使用。

图6-140

	A	B	C	D	E
1	求和项:销	列标签			
2	品牌	线上	线下	总计	
3	美臣辅销品	794	1560	2354	
4	美臣个护	2425	3272.5	5697.5	
5	美臣家洁	273.9	581.5	855.4	
6	美臣养颜	1008	1657.5	2665.5	
7	欧兰丽	1790	1370	3160	
8	姿然	5125	1980	7105	
9	自然相宜	1976	1960	3936	
10	总计	13391.9	12381.5	25773.4	

图6-141

	A	B	C	D
1	各品牌不同销售渠道营业额			
2	品牌	线上	线下	总计
3	美臣辅销品	794	1560	2354
4	美臣个护	2425	3272.5	5697.5
5	美臣家洁	273.9	581.5	855.4
6	美臣养颜	1008	1657.5	2665.5
7	欧兰丽	1790	1370	3160
8	姿然	5125	1980	7105
9	自然相宜	1976	1960	3936
10	总计	13391.9	12381.5	25773.4

图6-142

图6-143

6.2.20 创建数据透视图

扫一扫 看视频

使用 Excel 数据透视图可以将数据透视表中的统计结果转化为图表，从而更有利于数据的查看与比较。数据透视图有很多类型，用户可以根据当前数据的实际情况进行选择。

❶选择数据透视表中的任意单元格，单击"数据透视表分析"选项卡的"工具"组中的"数据透视图"按钮（见图6-143），打开"插入图表"对话框。

❷在对话框中选择合适的图表，根据数据情况，这里可选择"饼图"，如图6-144所示。

❸单击"确定"按钮，即可在当前工作表中创建饼图图表，美化后的效果如图6-145所示。

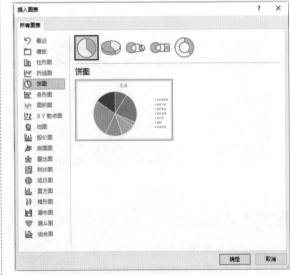

图6-144

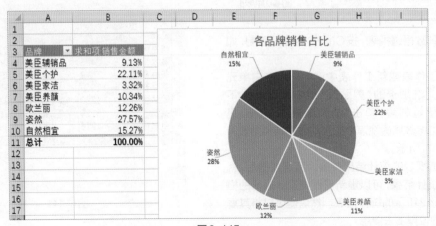

图6-145

6.2.21 在数据透视图中筛选数据

通过在图表中筛选，可以快速轻松地在数据透视图中查找和使用数据子集，从而让图表如同动态效果一样，绘制出自己需要的统计结果。

扫一扫 看视频

❶选择数据透视图，单击右侧的"图表筛选器"按钮打开列表，在列表中可以根据统计需求勾选相应的品牌商品的复选框，如图6-146所示。

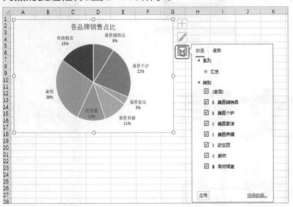

图6-146

❷勾选需要查看的品牌的复选框后，即可筛选出如图6-147所示的数据图表。

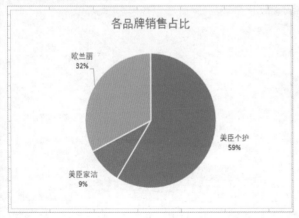

图6-147

6.2.22 应用数据透视图样式

默认的数据透视图格式较为单调，如果想实现对图表的快速美化，可以使用程序内置的图表样式实现快速美化。

扫一扫 看视频

❶选中默认格式的图表，单击右侧的"图表样式"按钮，打开样式列表，在"样式"选项卡下选择一种样式，如图6-148所示。

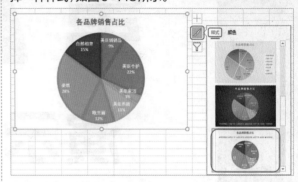

图6-148

❷切换至"颜色"选项卡，为数据透视图应用指定颜色，效果如图6-149所示。

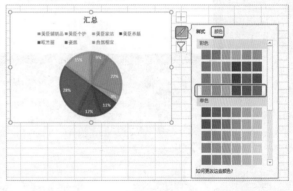

图6-149

经验之谈

套用图表样式时会自动取消之前为图表所做的格式设置，如字体、线条样式等，因此建议在美化图表时先套用样式，然后对需要修改的部分进行补充设置。

第7章

演示文稿设置技巧

7.1 创建并编辑幻灯片

当需要进行工作汇报、企业宣传、技术培训、应聘演讲及项目方案解说时，一般都会选择播放演示文稿来加深观众的印象，从而提高信息传达的力度与效率。创建空白演示文稿之后，下一步就需要添加文本、图片、文本框等元素设计规划幻灯片页面。

本节会介绍如何创建并下载幻灯片模板，再修改其中的细节。模板是PPT的骨架，它包括了幻灯片整体设计风格(如使用哪些版式、使用什么色调、使用什么图形图片作为设计元素等)、封面页、目录页、过渡页、内页、封底，有了这样的模板，在实际创建PPT时填入相应内容，补充设计即可。

7.1.1 以模板创建新演示文稿

PowerPoint 2021 为用户提供了很多设计美观又专业的各种类型的演示文稿，可以直接下载模板，然后修改其中的文字内容和部分设计元素，形成自己的专用 PPT 模板文档。

扫一扫 看视频

❶启动PowerPoint程序，单击"新建"选项卡，打开"新建"面板，在搜索框内输入模板类型，如"商务"，单击右侧的"搜索"按钮即可得到商务PPT模板搜索结果，如图7-1所示。

图7-1

❷单击需要的模板缩略图即可进入创建界面，如

扩展显示在右侧列表中的内容既有模板也有主题。

图7-2所示。

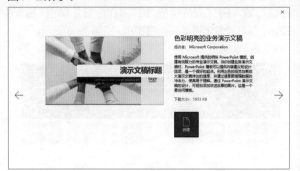

图7-2

❸单击"创建"按钮，即可新建幻灯片模板，效果如图7-3所示。再根据实际情况修改标题内容和元素格式即可。

图7-3

经验之谈

幻灯片模板中包含主题，主题是组成模板的一个元素。它是用来对演示文稿中所有幻灯片的外观进行匹配的一个样式。例如，让幻灯片具有统一的背景效果、统一的修饰元素、统一的文字格式等。当应用了主题后，无论使用什么版式都会保持这些统一的风格。

7.1.2 下载并使用幻灯片

用户可以在一些专业的设计网站上下载 PPT 模板，这些模板的配色和页面设计都是非常成熟且美观的。

扫一扫 看视频

❶打开搜索引擎并搜索免费或付费PPT模板网页，在首页输入PPT模板类型，如"工作汇报"，单击"搜索"按钮，即可搜索出该类型所有模板，如图7-4所示。

图7-4

❷单击需要的模板缩略图，如图7-5所示。

图7-5

❸依次根据页面提示下载PPT模板，下载并打开后的效果如图7-6所示。

图7-6

经验之谈

用户可以将网页上设计美观的PPT模板的地址保存下来，方便下次直接下载使用，或者下载一些合适的模板保存到计算机文件夹中。有些网站中的优秀模板是需要收取费用才能下载使用的，当然也有众多免费的模板，可以根据自己的需要选择使用。

7.1.3 保存演示文稿

扫一扫 看视频

创建好演示文稿后，下一步就需要将它保存到计算机中的指定位置，这样可以方便日后再次打开使用或编辑。可以在创建了演示文稿后就保存，也可以在编辑后保存，建议先保存，然后在整个编辑过程中随时单击右上角的"保存"按钮及时更新保存。

❶创建演示文稿后，单击"文件"选项卡（见图7-7），再单击"另存为"选项卡，在打开的"另存为"面板中单击"浏览"按钮（见图7-8），打开"另存为"对话框。

图7-7

图7-8

❷设置好保存位置,并输入保存的文件名,单击"保存类型"下拉按钮,在打开的下拉列表选择一种保存类型,如图7-9所示。

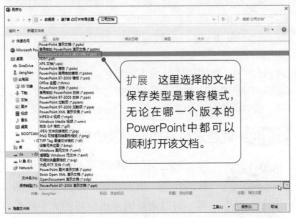

> 扩展 这里选择的文件保存类型是兼容模式,无论在哪一个版本的PowerPoint中都可以顺利打开该文档。

图7-9

❸单击"保存"按钮,即可看到当前演示文稿已被保存。

经验之谈

如果想要将精心设计的幻灯片文件保存为模板文件,可以在"保存类型"下拉列表中选择"PowerPoint模板"选项(在"保存类型"下拉列表中选择"Power-Point模板"选项后,保存位置就会自动定位到PPT模板的默认保存位置,注意不要修改这个位置,否则无法看到所保存的模板),如图7-10所示。

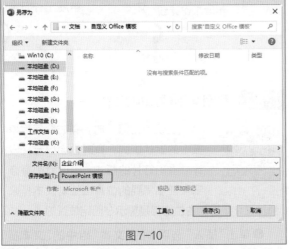

图7-10

7.1.4 创建新幻灯片

创建完新的演示文稿后,当需要在任意位置创建新幻灯片时,只要选中当前幻灯片,按Enter键即可在后面插入一张幻灯片,并且新插入的幻灯片的版式与上一张幻灯片的版式一致。如果要插入特定版式的新幻灯片,可以按如下方法操作。

扫一扫 看视频

打开演示文稿,单击"开始"选项卡的"幻灯片"组中的"新建幻灯片"下拉按钮,在打开的下拉列表中选择想使用的版式,如"大照片"版式(见图7-11)(这里的版式是根据使用的幻灯片模板决定的),单击即可以此版式创建一张新的幻灯片,如图7-12所示。

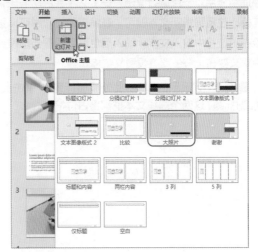

图7-11

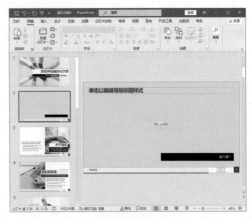

图7-12

经验之谈

如果是默认的幻灯片版式,在"新建幻灯片"下拉列表中会有默认的11种版式,本例是从线上下载的幻灯片模板,所以下拉列表中的一些幻灯片版式都是自定义设计的。在7.2节中介绍母版基础知识时会介绍如何设计自定义版式并应用。

7.1.5 在占位符内输入文本

扫一扫 看视频

占位符应用于幻灯片上时是指先占住一个固定的位置,其表现为一个虚线框,虚线框内部往往有"单击此处添加标题""单击此处添加文本"等提示文字,一旦进行单击,提示文字会自动消失,在相应位置编辑新文本即可。在编辑幻灯片时可以直接在占位符中输入文字,输入后也可以根据当前设计需求改变占位符位置,设置文字格式等。

❶图7-13所示的"单击此处添加标题""单击此处添加副标题"这两个虚线文本框都是占位符。

图7-13

❷在占位符上单击即可进入文字编辑状态(见图7-14),然后就可以输入文本了,如图7-15所示。

图7-14　　　　　　　图7-15

经验之谈

占位符实际是在幻灯片母版中设计的,对于一些经常使用PPT的用户而言,他们可能会设计一个通用的模板,这个模板需要长期使用,而且每次编辑这个PPT时变动不是很多。这时就可以借助母版来创建一些特定的版式,版式中就包含占位符(有文字占位符,也有图片占位符)。我们只需要填入相应的信息即可,并不需要再去进行排版。关于利用母版建立PPT模板的操作,在7.2节中会详细讲解。

7.1.6 调整占位符的大小及位置

扫一扫 看视频

占位符能起到布局幻灯片版面结构的作用。根据当前幻灯片排版的需要,可以重新调整占位符的大小和位置等。

❶选中占位符,将鼠标指针指向占位符边线上(注意不要定位在调节控点上),按住鼠标左键将其拖动到合适位置(见图7-16),释放鼠标后即可完成对占位符位置的调整。

❷选中占位符,将鼠标指针指向占位符边框的调节控点上,按住鼠标左键拖动到需要的大小(见图7-17),释放鼠标后即可完成对占位符大小的调整。

图7-16　　　　　　　图7-17

7.1.7 利用文本框添加文本

扫一扫 看视频

在设计幻灯片时,有时会使用模板中的默认版式,有时也会自定义设计一些幻灯片的版式,这时就很有必要在任意需要的位置上绘制文本框来添加文字(因为占位符都是显示在固定位置的)。

❶单击"插入"选项卡的"文本"组中的"文本框"下拉按钮,在打开的下拉列表中选择"绘制横排文本框"选项,如图7-18所示。

❷在需要的位置上按住鼠标左键拖动即可绘制文本框，选中文本框并右击，在弹出的快捷菜单中选择"编辑文字"选项，如图7-19所示。

图7-18

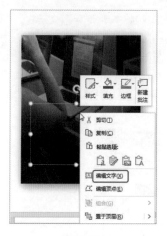

图7-19

❸此时可在文本框中编辑文字。按照此操作方法可在任意需要的位置上添加文本框，输入文字后可以重新设置字体的格式，并拖动调整文本框到需要的位置，如图7-20所示。

图7-20

经验之谈

如果某处的文本框与前面的文本框格式基本相同，可以选中文本框，执行复制命令，然后粘贴下来，再重新编辑文字，移动至需要的位置。

7.2 在母版中定制幻灯片

7.1节中介绍的统一幻灯片母版页面效果都是在母版视图中设计的，幻灯片母版用于存储演示文稿的主题版式信息，包括背景、颜色、字体、效果、占位符大小和位置。母版是定义演示文稿中所有幻灯片页面格式的幻灯片视图，使用它可以定制统一的幻灯片文本、背景、日期及页码格式，让演示文稿更具统一性、美观性和专业性。

7.2.1 了解幻灯片母版

如果想要更好地运用幻灯片母版来设计幻灯片版式和相关元素，可以事先了解一下什么是版式和占位符。

扫一扫 看视频

单击"视图"选项卡的"母版视图"组中的"幻灯片母版"按钮（见图7-21），即可进入母版视图，可以看到幻灯片版式、占位符等，如图7-22所示。

图7-21

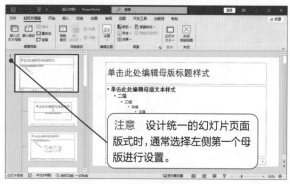

图7-22

>>>1. 版式

母版视图左侧显示了多种版式，一般包括"标题幻灯片""标题和内容""图片与标题""空白"等11种版式，这些版式都是可以进行修改与编辑的。例如，此处选中"标题幻灯片"版式，为其添加图片背景，如图7-23所示。

图7-23

修改版式后，单击"幻灯片母版"选项卡的"关闭"组中的"关闭母版视图"按钮(见图7-24)，即可退出母版视图。

图7-24

单击"开始"选项卡的"幻灯片"组中的"新建幻灯片"下拉按钮(此下拉列表中显示了该模板提供的11种版式)，可以看到"标题幻灯片"的版式如前面设置的一样(见图7-25)，单击"标题幻灯片"版式，即可以此版式新建幻灯片，如图7-26所示。

图7-25

图7-26

经验之谈

在新建幻灯片时，想使用哪个版式，就可以在新建时选择对应的版式，也可以新建后再更改版式。选中幻灯片，在右键快捷菜单中选择"版式"选项，在弹出的子菜单中单击需要的版式，即可更改为该版式幻灯片，如图7-27所示。

图7-27

>>>2. 占位符

占位符的表现形式是一种带有虚线或阴影线的框，绝大部分幻灯片版式中都有这种框，在这些框内可以放置标题及正文，或者是图表、表格、图片等对象，用户可以在母版视图中统一规定这些内容默认放置的位置和区域面积，如图7-28所示。占位符就如同一个文本框，还可以自定义它的边框样式、填充效果等，定义后，应用此版式创建新幻灯片时就会呈现出所设置的效果。一般在设计页面时，会结合占位符和文本框进行设计。

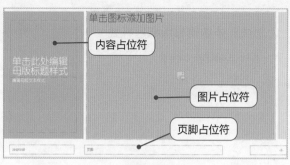

图7-28

用户可以借助幻灯片母版来统一幻灯片的整体版式，再对其进行全局修改。例如，为所有幻灯片设置统一的字体、定制项目符号、添加页脚及相关Logo，都可以通过母版统一设置。在下面的内容中会更加详细地介绍在母版中进行的操作，以便深入了解编辑母版为整篇演示文稿带来的影响。

7.2.2 定制统一背景

前面介绍了将图片设置为幻灯片背景的技巧，当进入母版视图中进行背景设置后，设置好的背景效果（如为背景应用纯色、图片、渐变效果等）就会应用于所有幻灯片中。

扫一扫 看视频

>>>1. 图片背景

❶单击"视图"选项卡的"母版视图"组中的"幻灯片母版"按钮，进入母版视图。

❷选中左侧窗格中最上方的幻灯片母版(注意是母版，不是下面的版式)，单击"幻灯片母版"选项卡的"背景"组中的"设置背景格式"右侧窗格启动器(见图7-29)，打开"设置背景格式"右侧窗格。

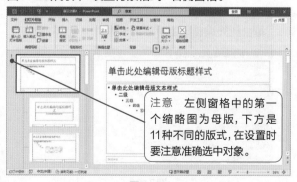

注意 左侧窗格中的第一个缩略图为母版，下方是11种不同的版式，在设置时要注意准确选中对象。

图7-29

❸展开"填充"栏，选中"图片或纹理填充"单选按钮，在"图片源"中单击"插入"按钮(见图7-30)，打开"插入图片"对话框。找到图片所在位置并选中，如图7-31所示。

图7-30

图7-31

❹单击"插入"按钮，此时所有版式幻灯片都应用了所设置的背景，调整图片的"透明度"为67%(见图7-32)，为幻灯片应用图片背景的效果如图7-33所示。

图7-32

第3篇 PPT篇

图7-33

❺退出母版视图，可以看到整篇演示文稿都使用了刚才所设置的背景。

经验之谈

注意在设置图片背景前一定要选中主母版，如果选中的是主母版下的任意一种版式，那么所设置的这个背景只会应用于这个版式，即只有幻灯片应用这个版式时才有这个背景；否则没有。而选择主母版后设置背景，则无论幻灯片应用哪种版式，都会是这个相同的背景。

>>>2. 图案背景

进入母版视图并打开"设置背景格式"右侧窗格，展开"填充"栏，选中"图案填充"单选按钮，在"图案"栏下选择图案样式，并分别设置前景色和背景色，如图7-34所示，图案背景应用效果如图7-35所示。

图7-34

图7-35

>>>3. 渐变背景

进入母版视图并打开"设置背景格式"右侧窗格，展开"填充"栏，选中"渐变填充"单选按钮，分别在"预设渐变"和"方向"下拉列表中选择内置样式，并依次改变渐变光圈的位置（直接拖动滑块即可）（见图7-36和图7-37），最终的渐变背景应用效果如图7-38所示。

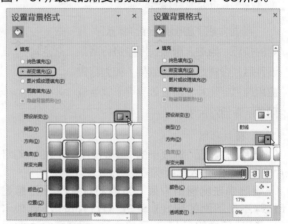

图7-36　　　　　　图7-37

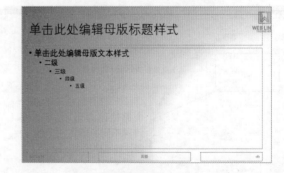

图7-38

经验之谈

当选中某张幻灯片并为其设置背景效果时(非母版视图中选中第一张母版幻灯片),默认只将效果应用于当前幻灯片,如果想让所设置的效果应用于当前演示文稿中所有的幻灯片,可以在"设置背景格式"右侧窗格中单击底端的"应用到全部"按钮。

7.2.3 使用图形或图片定制页面

在一些商务性的幻灯片中经常会将一些图形或 Logo 图片显示于每张幻灯片中,既可以体现公司的企业文化,同时也可以起到修饰版面的作用。

扫一扫 看视频

>>>1. 定制图片

❶单击"视图"选项卡的"母版视图"组中的"幻灯片母版"按钮,进入母版视图。在左侧选中主母版,再单击"插入"选项卡的"图像"组中的"图片"下拉按钮,在打开的下拉列表中选择"此设备"选项(见图7-39),打开"插入图片"对话框。

图7-39

❷找到图片所在路径并选中(见图7-40),单击"插入"按钮,适当调整图片大小并移动图片到合适的位置上,如图7-41所示。

❸设置完成后,关闭母版视图即可看到每张幻灯片都显示了相同的Logo图片。

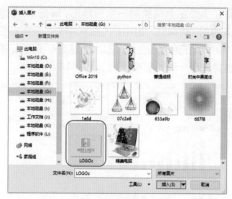

图7-40

图7-41

经验之谈

如果标题幻灯片不想添加Logo图片,则不能选中主母版来进行添加图片的操作,可以逐一为除"标题幻灯片版式"之外的其他所有版式插入Logo图片。

>>>2. 定制图形

❶进入母版视图后,单击"插入"选项卡的"插图"组中的"形状"下拉按钮,在打开的下拉列表中选择一种图形,如图7-42所示。

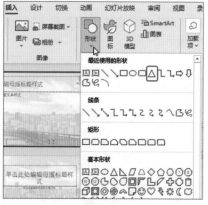

图7-42

❷在页面左上角绘制一个三角形，单击"形状格式"选项卡的"形状样式"组中的"形状填充"下拉按钮，选择一种图形填充色(见图7-43)，继续打开"形状轮廓"下拉列表并选择一种轮廓颜色，如图7-44所示。

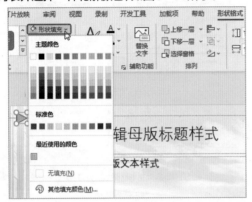

图7-43

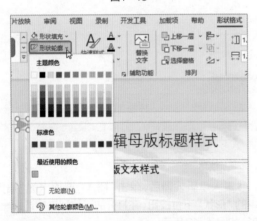

图7-44

❸返回幻灯片母版视图，即可看到定制的统一图形，如图7-45所示。

图7-45

7.2.4 定制统一的文字格式

扫一扫 看视频

在套用模板或主题时，不仅应用了背景效果，同时标题文字与正文文字的格式也是在版式中定义好的。我们也可以手动排版幻灯片，再依次去重新修改字体、字号，以及调整占位符的位置等，但如果在一个演示文稿中有多张幻灯片使用了这种版式，这时就要进入母版视图中统一设置标题文字与正文文字的格式。

❶单击"视图"选项卡的"母版视图"组中的"幻灯片母版"按钮，进入母版视图。在左侧选中"标题和内容"版式(注意，更改某个版式之前一定要在左侧先选中该模板)，如图7-46所示。

图7-46

❷选中"单击此处编辑母版标题样式"文字，在"开始"选项卡的"字体"组中设置文字格式(字体、字形、颜色等)，并调整好它的位置，如图7-47所示。

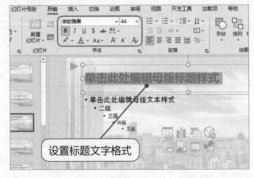

图7-47

❸选中"单击此处编辑母版文本样式"文字，继续在"开始"选项卡的"字体"组中设置文字格式(字体、字形、颜色等)，如图7-48所示。

图7-48

❹ 在"关闭"选项组中单击"关闭母版视图"按钮回到幻灯片中，可以看到只要应用了这个版式，幻灯片的标题文字格式与正文文字格式都是统一的样式，如图7-49所示。

图7-49

7.2.5 定制统一的个性页脚

如果希望所有幻灯片都使用相同的页脚效果（如页码、宣传标语等），也可以进入母版视图中进行编辑。

扫一扫 看视频

❶ 单击"视图"选项卡的"母版视图"组中的"幻灯片母版"按钮，进入母版视图。在左侧选中主母版，再单击"插入"选项卡的"文本"组中的"页眉和页脚"按钮（见图7-50），打开"页眉和页脚"对话框。

图7-50

❷ 勾选"页脚"复选框，在下面的文本框中输入页脚文字，如果标题幻灯片不需要显示页脚，则取消勾选"标题幻灯片中不显示"复选框，如图7-51所示。

图7-51

❸ 单击"全部应用"按钮，即可在母版中看到添加的页脚文字，如图7-52所示。

图7-52

❹ 对文字进行格式设置，可以设置字体、字号、字形或艺术字等，如图7-53所示。

图7-53

❺ 设置完成后，关闭母版视图即可看到每张幻灯片都显示了相同的页脚。

经验之谈

页脚除了可以显示为特定的文字外，还可以显示日期、时间及幻灯片编号等。

7.2.6 命名自定义版式

通过前面介绍的各种技巧为幻灯片定制了统一的背景、图片Logo、图形修饰、文字格式及个性页脚之后，可以将其命名为方便使用的自定义版式名

扫一扫 看视频

第3篇 PPT篇

称，如"过渡页""封面设计页""目录页"等。

用户可以在"开始"选项卡的"幻灯片"组中的"版式"下拉列表中看到其中显示的都是当前演示文稿中包含的所有版式。当在母版中自定义了版式后，也可以将其保存下来，并显示于此，从而方便新建幻灯片时直接套用。

❶图7-54所示为使用"插入版式"命令插入新版式并编辑后的母版版式，可以看到默认名称为"自定义版式"。

❷在此母版版式上右击，在弹出的快捷菜单中选择"重命名版式"选项，如图7-55所示。打开"重命名版式"对话框。

图7-54

图7-55

❸在"版式名称"文本框中输入"转场页版式"，如图7-56所示。

❹单击"重命名"按钮，关闭母版视图回到幻灯片中。单击"开始"选项卡的"幻灯片"组中的"新建幻灯片"下拉

按钮，即可看到被重新保存的版式(转场页版式)，如图7-57所示。

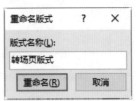

图7-56

图7-57

7.3 幻灯片中的图文应用

7.3.1 插入图片和图标

扫一扫 看视频

为了丰富幻灯片的表达效果，图片是幻灯片中必不可少的一个要素，图文结合于幻灯片，既可以让幻灯片的表达效果更直观，也可以提升观赏性。在日常生活和工作中随处可见图片应用效果丰富的幻灯片，本小节介绍如何向幻灯片中添加图片。

❶选中目标幻灯片，单击"插入"选项卡的"图像"组中的"图片"下拉按钮，在打开的下拉列表中选择"此设备"选项(见图7-58)，打开"插入图片"对话框，找到图片存放位置，选中目标图片，如图7-59所示。

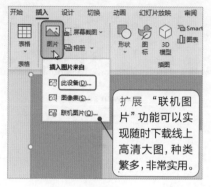

图 7-58

图 7-59

❷ 单击"插入"按钮,插入图片后,可以根据版面调整图片的大小和位置。如果要插入小图标,可以单击"插入"选项卡的"插图"组中的"图标"按钮(见图7-60),打开"插入图标"对话框。

扩展 插入图片后,可以选中图片,并调整其位置和尺寸。

图 7-60

❸ 选中图标后(见图7-61),单击"插入"按钮,即可将其插入到幻灯片中,如图7-62所示。

图 7-61

图 7-62

7.3.2 裁剪图片

在幻灯片中插入图片之后,还可以裁剪图片,使其更加符合当前的设计要求。

扫一扫 看视频

>>>1. 直接裁剪

❶ 选中图片,在"图片格式"选项卡的"大小"组中单击"裁剪"按钮(见图7-63),即可进入裁剪状态。

扩展 可以在"高度"和"宽度"数值框中精确设置图片裁剪尺寸。

图7-63

❷将鼠标指针置于图片四周出现的黑色裁剪控点上，可以调整图片的裁剪位置，如图7-64所示。

图7-64

❸将鼠标指针置于图片底部中间的裁剪控点上，按住鼠标左键不放向上拖动执行裁剪操作，如图7-65所示。

图7-65

❹按相同的操作方式分别调整其他裁剪控点的位置，裁剪完成后，在任意空白处单击即可退出裁剪状态，图片最终裁剪效果如图7-66所示。

图7-66

>>>2. 裁剪为形状

❶选中图片，在"图片格式"选项卡的"大小"组中单击"裁剪"下拉按钮，在打开的下拉列表中选择"裁剪为形状"子列表中的"基本形状"栏中的"平行四边形"（见图7-67），即可裁剪为指定形状。

图7-67

❷将鼠标指针置于左上角的黄色圆形控点上（见图7-68），向右拖动鼠标左键完成图形的进一步调整。

图7-68

❸最终的图片裁剪效果如图7-69所示。

图7-69

7.3.3 设置图片边框样式

在幻灯片中插入图片之后，还可以根据当前的页面布局效果和内容展示需求，重新设计图片的边框样式，包括边框的颜色、线条样式、粗细等。

扫一扫 看视频

❶选中图片，单击"图片格式"选项卡的"图片样式"组中的"设置图片格式"右侧窗格启动器(见图7-70)，打开"设置图片格式"右侧窗格。

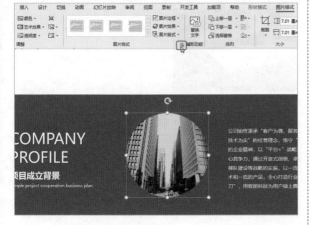

图7-70

❷展开"线条"栏，选中"实线"单选按钮，并设置其颜色、宽度和草绘样式，如图7-71所示。

❸关闭右侧窗格返回幻灯片，即可看到设计好的图片边框样式，效果如图7-72所示。

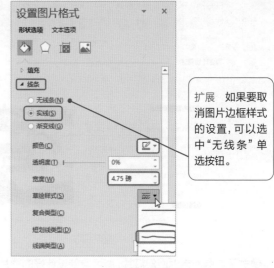

扩展 如果要取消图片边框样式的设置，可以选中"无线条"单选按钮。

图7-71

图7-72

7.3.4 设置图片阴影效果

除了设置图片的边框样式，还可以为图片设置指定的阴影效果，让图片看起来更有立体感、更生动。

扫一扫 看视频

❶选中图片，单击"图片格式"选项卡的"图片样式"组中的"设置图片格式"右侧窗格启动器(见图7-73)，打开"设置图片格式"右侧窗格。

❷展开"阴影"栏，并设置其预设阴影效果，再重新自定义阴影的各项参数值，如大小、模糊、角度和距离等，如图7-74所示。

第3篇 PPT篇

图7-73   图7-74

❸关闭右侧窗格返回幻灯片，即可看到设计好的图片阴影效果，如图7-75所示。

图7-75

第8章

在幻灯片中应用切片和动画技巧

8.1 应用音频和视频

在制作幻灯片时，可以将计算机上的音频和视频文件添加到幻灯片中，以增强播放效果。

8.1.1 插入音频文件

扫一扫 看视频

用户可以自己录制音频，也可以从其他地方下载合适的音频文件，应用到指定的幻灯片中。

❶选中幻灯片，单击"插入"选项卡的"媒体"组中的"音频"下拉按钮，在打开的下拉列表中选择"PC上的音频"选项(见图8-1)，打开"插入音频"对话框。

扩展 如果要在幻灯片中使用自己录制的音频，可以选择"录制音频"选项。

图8-1

❷选择音频文件后(见图8-2)，单击"插入"按钮，即可将音频文件添加到指定的幻灯片中，如图8-3所示。

图8-2

扩展 插入音频文件后会激活"音频格式"和"播放"选项卡，用户在其中可以美化和设置音频播放效果。

图8-3

8.1.2 自动播放音频

扫一扫 看视频

将音频文件插入到幻灯片中后，默认情况下单击才会进入播放状态，如果想让其能自动播放，可按如下方法进行设置。

选中插入音频文件后显示的小喇叭图标，单击"播放"选项卡的"音频选项"组中的"开始"下拉按钮，在打开的下拉列表中选择"自动"选项，如图8-4所示。放映幻灯片时就会自动播放音频文件。

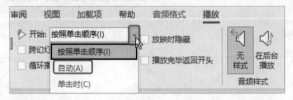

图8-4

8.1.3 裁剪音频

扫一扫 看视频

在录制音频后，如果对音频的部分地方不满意，可以对其进行裁剪，然后保留整个音频中有用的部分。

❶选中录制的音频,单击"播放"选项卡的"编辑"组中的"剪裁音频"按钮(见图8-5),打开"剪裁音频"对话框。

图8-5

❷单击▶按钮预播放音频,接着拖动进度条上的两个"标尺"确定裁剪的位置(两个标尺中间的部分是保留部分,其他部分会被裁剪掉),如图8-6所示。

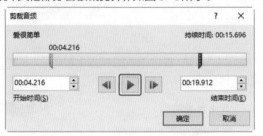

图8-6

❸裁剪完成后,再次单击▶按钮预播放截取的声音,如果截取的声音不符合要求,可以再按相同的方法进行裁剪。

❹确定了裁剪的位置后,单击"确定"按钮即可完成音频的裁剪。

经验之谈

在截取音频后,如果想恢复原有音频的长度,可以按照相同的方法打开"剪裁音频"对话框,使用鼠标将两个标尺拖至进度条两端即可。

8.1.4 设置渐强渐弱的播放效果

插入的音频的开头或结尾有时会过于高潮化,影响整体播放效果,可以将其设置为渐强渐弱的播放效果,这种设置比较符合人们缓进缓出的听觉习惯,也不会过于刺耳。

扫一扫 看视频

选中插入音频后显示的小喇叭图标,在"播放"选项卡的"编辑"组中的"淡化持续时间"下可设置"渐强"和"渐弱"的值,或者通过大小调节按钮 ┊ 选择渐强和渐

弱时间,如图8-7所示。

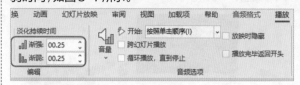

图8-7

8.1.5 插入视频文件

如果需要在幻灯片中插入视频文件,可以事先将文件下载到计算机上并保存至幻灯片素材文件夹内,最后再将其插入到幻灯片中。

扫一扫 看视频

❶切换到要插入视频文件的幻灯片,单击"插入"选项卡的"媒体"组中的"视频"下拉按钮,在打开的下拉列表中选择"此设备"选项(见图8-8),打开"插入视频文件"对话框,找到视频所在位置并选中视频,如图8-9所示。

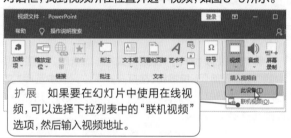

扩展 如果要在幻灯片中使用在线视频,可以选择下拉列表中的"联机视频"选项,然后输入视频地址。

图8-8

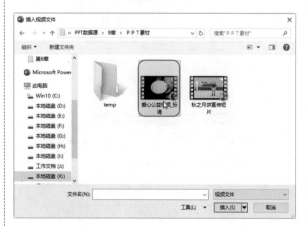

图8-9

❷单击"插入"按钮,即可将选中的视频插入到幻灯

片中，如图8-10所示。

图8-10

8.1.6 设置视频封面

扫一扫 看视频

在幻灯片中插入视频后，默认显示视频第一帧处的图像。如果不想让观众看到第一帧处的图像，可以重新设置其他图片作为视频封面。封面可以是指定的图片，也可以是整个视频中的某个符合幻灯片内容的场景帧。

❶选中视频，单击"视频格式"选项卡的"调整"组中的"海报框架"下拉按钮，在打开的下拉列表中选择"文件中的图像"选项(见图8-11)，打开"插入图片"对话框，如图8-12所示。

注意 如果要恢复视频的初始画面，可以选择该下拉列表中的"重置"选项。

图8-11

图8-12

❷单击"来自文件"按钮，打开"插入图片"对话框，找到要设置为封面的图片的所在位置并选中图片，如

图8-13所示。

图8-13

❸单击"打开"按钮，即可在视频上覆盖插入的图片，如图8-14所示。

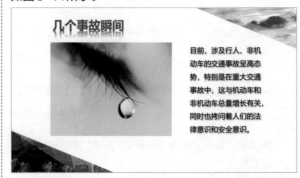

图8-14

经验之谈

在播放幻灯片的过程中执行暂停命令，接着在"海报框架"下拉列表中选择"当前帧"选项，即可将视频中的场景设置为封面。

8.1.7 添加播放书签

扫一扫 看视频

在播放视频时，如果需要重复播放一些重要的场景，可以为其添加标记，然后在任意位置插入播放书签。

播放视频时在重要场景处暂停，单击"播放"选项卡的"书签"组中的"添加书签"按钮(见图8-15),即可在暂停处添加书签标记,如图8-16所示。

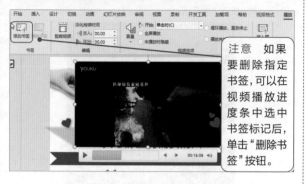

注意　如果要删除指定书签,可以在视频播放进度条中选中书签标记后,单击"删除书签"按钮。

图8-15

图8-16

8.1.8 ▶ 设置视频窗口外观

系统播放插入视频的默认窗口是长方形的,可以设置个性化的播放窗口,如更改其外观形状等,具体操作方法如下。

扫一扫 看视频

❶ 选中视频,单击"视频格式"选项卡的"视频样式"组中的"视频形状"下拉按钮,在打开的下拉列表中选择"流程图"栏中的"多文档"图形,如图8-17所示。

❷ 此时程序会自动根据选择的形状更改视频的播放窗口形状,如图8-18所示。

扩展　如果要设置视频窗口的样式(如轮廓阴影等效果),可以在"视频样式"列表中选择预设样式。

图8-17

图8-18

经验之谈

用户还可以通过"视频形状""视频边框"和"视频效果"下拉列表中的选项自定义设置视频播放窗口的轮廓和三维立体效果,如图8-19所示。

图8-19

8.1.9 ▶ 设置视频全屏播放

在幻灯片中插入了视频后,在放映幻灯片时,视频只在默认的窗口中播放。通过设置可以实现全屏播放效果。

扫一扫 看视频

❶在"播放"选项卡的"视频选项"组中勾选"全屏播放"复选框，如图8-20所示。

图8-20

❷在放映幻灯片时，单击"播放"按钮，即可全屏播放视频。

8.2 应用动画效果

为了突出幻灯片中的重点表达对象并让其表现得更加生动有趣，可以为其添加合适的动画效果，也可以为幻灯片的切换指定动画效果，让换片过程不再乏味枯燥。

8.2.1 设置幻灯片切换效果

扫一扫 看视频

在放映幻灯片时，当前一张幻灯片放映完并放映下一张幻灯片时，可以设置不同的切换方式。PowerPoint 2021中提供了非常多的幻灯片切换效果以供使用。

❶选中要设置的幻灯片，在"切换"选项卡的"切换到此幻灯片"组中单击 按钮，在下拉列表中选择一种切换效果，如"涡流"，如图8-21所示。

图8-21

❷设置完成后，当播放幻灯片时即可在幻灯片切换时应用"涡流"动画效果，图8-22和图8-23所示为切换幻灯片时的动画效果。

图8-22

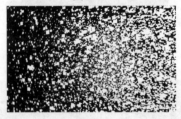

图8-23

经验之谈

在设置好某一张幻灯片的切换效果后，为了省去逐一设置的麻烦，用户可以将幻灯片的切换效果一次性应用到所有幻灯片中。

设置好幻灯片的切换效果之后，单击"切换"选项卡的"计时"组中的"应用到全部"按钮(见图8-24)，即可同时设置全部幻灯片的切换效果。

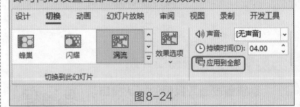

图8-24

8.2.2 添加对象动画效果

扫一扫 看视频

当为幻灯片添加动画效果后，会在加入的效果旁用数字标识出来。动画类型主要有进入、强调、退出等。

❶选中要设置动画的文字，单击"动画"选项卡的"动画"组中的 按钮(见图8-25)，在打开的下拉列表中选择"进入"栏下的"随机线条"动画样式(见图8-26)，即可为文字添加该动画效果。

图8-25

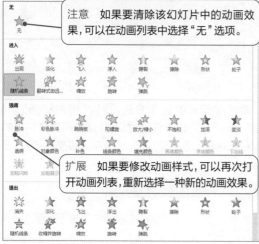

注意 如果要清除该幻灯片中的动画效果,可以在动画列表中选择"无"选项。

扩展 如果要修改动画样式,可以再次打开动画列表,重新选择一种新的动画效果。

图8-26

❷ 在"预览"组中单击"预览"按钮,可以自动演示动画效果。

经验之谈

如果菜单中的动画效果不能满足要求,还可以选择更多的效果。

单击"动画"选项卡的"动画"组中的▼按钮,在其下拉列表中选择"更多进入效果"选项(见图8-27),打开"更改进入效果"对话框,即可查看并应用更多动画效果,如图8-28所示。

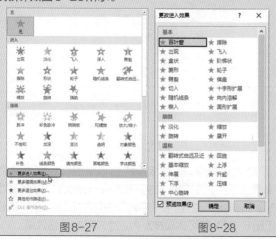

图8-27　　　　　　图8-28

8.2.3 添加多个动画效果

如果需要重点突出幻灯片中显示的对象,可以为其设置多个动画效果,这样可以达到更好的表达效果。例如,本例为某个对象添加了"浮入"的进入效果和"放大/缩小"的强调效果(对象前面有两个动画编号)。

扫一扫 看视频

❶ 选中文本,单击"动画"选项卡的"动画"组中的▼按钮,在打开的下拉列表中的"进入"栏中选择"浮入"动画效果,如图8-29所示。

图8-29

❷ 此时文字前出现数字1,单击"动画"选项卡的"高级动画"组中的"添加动画"下拉按钮,在打开的下拉列表中的"强调"栏中选择"放大/缩小"动画效果,如图8-30所示。

图8-30

❸返回幻灯片后即可为文字添加这两种动画效果。单击"预览"按钮，即可预览动画。

8.2.4 设置路径动画效果

扫一扫 看视频

路径动画效果是一种非常奇妙的效果，通过设置路径可以让对象进行上下、左右移动或沿着线路进行移动。这种一般只能在 Flash 中实现的特殊效果，也可以在幻灯片的动画效果设置中实现。

❶选中需要设置动画的对象，单击"动画"选项卡的"动画"组中的 按钮(见图8-31)，打开下拉列表。

图8-31

❷在下拉列表中选择"其他动作路径"选项(见图8-32)，打开"更改动作路径"对话框。

❸选择"直线和曲线"栏中的"对角线向右下"选项(见图8-33)，单击"确定"按钮，即可为对象指定路径。

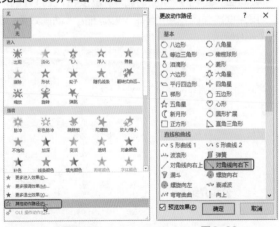

图8-32   图8-33

❹添加的路径为程序默认的，并不一定会满足我们想要的运动轨迹效果，此时可以将鼠标指针指向运动轨

迹的红色控点上(见图8-34)，按住鼠标左键拖动至需要的位置，拖动后如图8-35所示。在放映时对象就会沿着设置的路径运动。

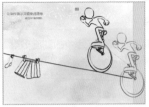 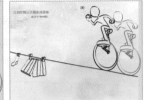

图8-34   图8-35

❺按照同样的操作方法，使用"添加动画"功能，将第一条路径的起点移到终点处(作为第二条路径的起点)，然后向左上方绘制路径，即可得到如图8-35所示的效果。

8.2.5 设置图表动画效果

扫一扫 看视频

根据柱形图中各柱子代表的不同的数据系列，可以为柱形图制作逐一擦除式动画效果，从而引导观众对图表进行理解。

❶选中图表，单击"动画"选项卡的"动画"组中的 按钮，在打开的下拉列表中选择"擦除"动画效果，如图8-36所示。

图8-36

❷选中图形，单击"动画"选项卡的"动画"组中的"效果选项"下拉按钮，在打开的下拉列表的"方向"栏中选择"自底部"选项，在"序列"栏中选择"按系列"选项(见图8-37)，即可实现按系列逐个擦除的动画效果。

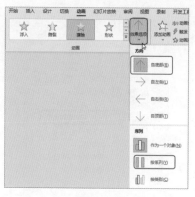

图8-37

❸由于添加的动画效果的持续时间(即播放的速度)都有一个默认值,这个速度对于播放图表来说显得稍快,因此可以选中图表,在"动画"选项卡的"计时"组中调节"持续时间",如图8-38所示。

图8-38

❹图8-39和图8-40所示为动画播放时的效果。

图8-39

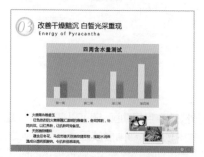

图8-40

8.2.6 应用动画窗格

使用动画窗格可以查看当前幻灯片设置的所有动画效果,再对各个动画的播放顺序、播放时长等进行调整。

扫一扫 看视频

>>>1. 调整动画播放顺序

在放映幻灯片时,默认情况下动画的播放顺序是按照设置动画时的先后顺序进行的。在完成所有动画的添加后,如果在预览时发现播放顺序不满意,可以进行调整,而不必重新设置。

如图8-41所示,从动画窗格中可以看到几个序号的动画顺序有误,我们希望按序号指定的条目依次播放,所以需要调整各个序号的动画顺序。

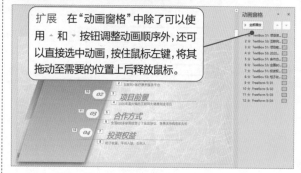

> 扩展 在"动画窗格"中除了可以使用 ▲ 和 ▼ 按钮调整动画顺序外,还可以直接选中动画,按住鼠标左键,将其拖动至需要的位置上后释放鼠标。

图8-41

❶单击"动画"选项卡的"高级动画"组中的"动画窗格"按钮(见图8-42),打开"动画窗格"右侧窗格。

图8-42

❷在"动画窗格"右侧窗格中选中第9个动画,按住鼠标左键向上拖动,如图8-43所示。拖动到目标位置后释放鼠标,如图8-44所示。

❸按照相同的方法,依次调整几个动画的位置,如图8-45所示。

图8-43　　　　图8-44

图8-45

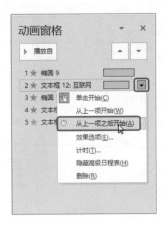

图8-46

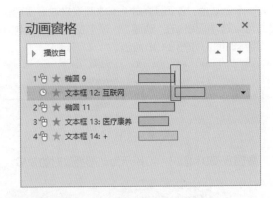

图8-47

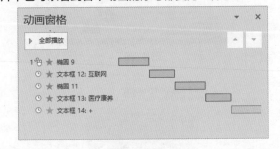

图8-48

>>>2. 设置动画开始时间

添加了多个动画后，默认情况下从一个动画进入下一个动画时，需要进行单击。如果有些动画需要自动播放，那么可以重新设置其开始时间，也可以让其在延迟多少时间后自动播放。

❶单击"动画"选项卡的"高级动画"组中的"动画窗格"按钮，打开"动画窗格"右侧窗格。

❷在"动画窗格"右侧窗格中选中需要调整动画开始时间的对象，单击右侧的下拉按钮，在打开的下拉列表中选择"从上一项之后开始"选项，如图8-46所示。设置后可以看到该动画会紧接着上一个动画，如图8-47所示。

❸按照相同的方法依次设置各个动画，可见各个动画都紧接着上一个动画，如图8-48所示。同时在幻灯片中也可以看到各个动画的序号都变为一样了。

❹另外，选中目标动画，还可以在"计时"组中的"延迟"设置框中输入此动画播放距上一个动画之后的开始时间，即上一个动画播放完毕，延迟指定的时间后再自动

播放这个动画,如图8-49所示。

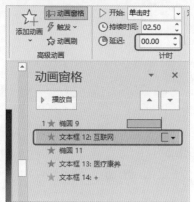

图8-49

>>>3. 设置多个动画同时播放

在设计动画效果时,有些动画效果没有先后之分,同时播放具有更强的视觉冲击效果,此时可以设置让多个动画同时播放(默认是依次播放)。如图8-50所示的幻灯片,想让三幅图片同时播放,从当前添加的序号可以看出它们是依次播放的,序号分别为2、3、4。

图8-50

❶ 单击"动画"选项卡的"高级动画"组中的"动画窗格"按钮,打开"动画窗格"右侧窗格。

❷ 选中第3个与第4个动画,然后单击右下角的下拉按钮,在打开的下拉列表中选择"从上一项开始"选项,如图8-51所示。

❸ 完成设置后,选中的两个动画就会与第2个动画同时播放,播放效果如图8-52所示。

图8-51

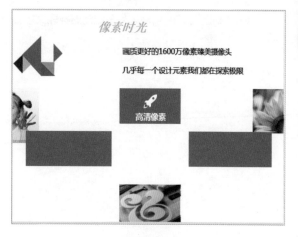

图8-52

>>>4. 让对象一直运动

在播放动画时,动画播放一次后就会停止,为了突出幻灯片中的某个对象,可以设置让其始终保持运动状态。例如,本例要设置标题文字始终保持运动状态。

❶ 选中标题文字,如果未添加动画,可以先添加动画。本例中已经设置了标题为"画笔颜色"动画。

❷ 在"动画窗格"右侧窗格中单击动画右侧的下拉按钮,在下拉列表中选择"效果选项"选项(见图8-53),打开"画笔颜色"对话框。

❸ 选择"计时"选项卡,在"重复"下拉列表中选择"直到幻灯片末尾"选项,如图8-54所示。

图 8-53

图 8-54

❹单击"确定"按钮，当幻灯片在放映时标题文字会一直重复"画笔颜色"的动画效果，直到这张幻灯片放映结束。

第9章

幻灯片的放映及输出技巧

9.1 幻灯片放映设置

创建并设计好幻灯片后，下一步需要执行放映，下面介绍一些实用的幻灯片放映设置技巧。

9.1.1 设置自动切换

在放映演示文稿时，要实现自动放映幻灯片，而不采用单击的方式进行放映，可以设置让幻灯片在指定时间后自动切换至下一张幻灯片，这种方式适合于浏览型幻灯片的自动放映。

扫一扫 看视频

❶打开演示文稿，选中第一张幻灯片，在"切换"选项卡的"计时"组中勾选"设置自动换片时间"复选框，单击右侧数值框的微调按钮可以设置换片时间，如图9-1所示。

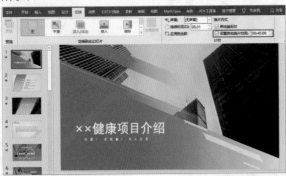

图9-1

❷选中第二张幻灯片，按照相同的方法进行设置。
❸依次选中后面的幻灯片，根据需要播放的时长来设置换片时间。

经验之谈

设置好任意一张幻灯片的换片时间后，如果想要快速为整个演示文稿设置相同的换片时间，直接在"计时"组中单击"应用到全部"按钮即可；或者在设置前选中所有幻灯片，然后再进行相关设置。

9.1.2 排练计时自动放映

在放映幻灯片时，一般需要通过单击才能进入下一个动画或者下一张幻灯片。通过排练计时的设置可以实现自动播放整个演示文稿，每张幻灯片的播放时间将根据排练计时所设置的时间来放映。

扫一扫 看视频

❶切换到第一张幻灯片，单击"幻灯片放映"选项卡的"设置"组中的"排练计时"按钮(见图9-2)，此时会切换到幻灯片放映状态，并在屏幕左上角出现一个"录制"对话框，其中显示了时间，如图9-3所示。

图9-2

❷当时间达到预定的时间后，单击➡按钮，即可切换到下一个动画或者下一张幻灯片，开始对下一项进行计时，并在右侧显示总计时，如图9-4所示。

注意 完成设置后，进入幻灯片放映时，即可按照排练时所设置的时间自动进行播放，而无须使用鼠标单击。

图9-3   图9-4

❸依次单击➡按钮，直到幻灯片排练结束，按Esc键退出播放，系统自动弹出提示对话框，询问是否保留此次幻灯片的排练时间，如图9-5所示。

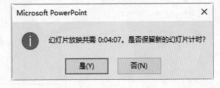

图9-5

❹单击"是"按钮，演示文稿自动切换到幻灯片浏览视图，显示出每张幻灯片的排练时间。

设置排练计时实现幻灯片自动放映与幻灯片自动换片实现自动放映的区别在于：排练计时是以一个对象为单位的，如幻灯片中的一个动画、一个音频等都是一个对象，可以分别设置它们的播放时间，而自动换片是以一张幻灯片为单位的，如设置的换片时间为1分钟，那么一张幻灯片中的所有对象的动作都要在这1分钟内完成。

9.1.3 设置自定义放映

如果要播放的幻灯片不是连续的，并且只需要播放演示文稿中的部分幻灯片，则需要使用"自定义放映"功能来为想放映的幻灯片设置自定义放映列表。

扫一扫 看视频

❶单击"幻灯片放映"选项卡的"开始放映幻灯片"组中的"自定义幻灯片放映"下拉按钮，在打开的下拉列表中选择"自定义放映"选项(见图9-6)，打开"自定义放映"对话框，如图9-7所示。

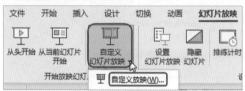

图9-6

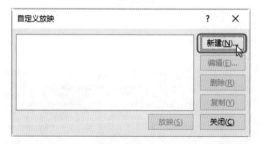

图9-7

❷单击"新建"按钮，打开"定义自定义放映"对话框。在"在演示文稿中的幻灯片"列表框中选中要放映的第一张幻灯片，如图9-8所示。

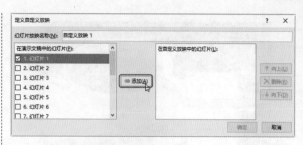

图9-8

❸单击"添加"按钮，将其添加到右侧的"在自定义放映中的幻灯片"列表框中。按照相同的方法，依次添加其他幻灯片到"在自定义放映中的幻灯片"列表框中，如图9-9所示。

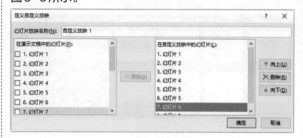

图9-9

❹添加完成后，依次单击"确定"按钮，这个自定义放映列表则建立完成。

❺当需要放映这个列表时，再次打开"自定义放映"对话框，选中名称，然后单击"放映"按钮即可实现播放。

如果已经设置了自定义放映，由于实际情况发生变化，需要对自定义放映进行调整，可以打开"自定义放映"对话框后选中需要编辑的选项，单击"编辑"按钮进入编辑界面进行设置。

9.1.4 放映时任意切换到其他幻灯片

一般在放映幻灯片时都是按顺序播放每张幻灯片的，如果在播放过程中需要跳转到某张幻灯片，可以按如下操作实现。

扫一扫 看视频

❶在播放幻灯片时，右击，在弹出的快捷菜单中选择"查看所有幻灯片"选项，如图9-10所示。

第3篇 PPT篇

图9-10

❷此时进入幻灯片浏览视图状态，选择需要切换的幻灯片（见图9-11），单击即可实现切换。

图9-11

9.1.5 放映时边讲解边标记

扫一扫 看视频

当在放映演示文稿的过程中需要讲解时，还可以将光标变成笔的形状，在幻灯片上直接画线做标记。

❶进入幻灯片放映状态，在屏幕上右击，在弹出的快捷菜单中选择"指针选项"子列表中的"笔"选项，如图9-12所示。

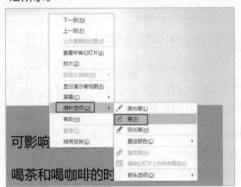

图9-12

❷此时鼠标指针变成一个红点，拖动鼠标即可在屏幕上画线做标记，如图9-13所示。

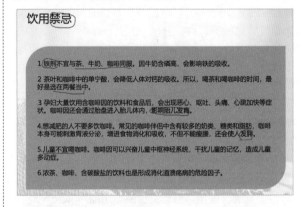

图9-13

❸按Esc键退出演示文稿放映时，系统会弹出一个提示框，提示是否保留墨迹注释，如图9-14所示。

❹单击"保留"按钮，返回到演示文稿中，即可看到保留的墨迹注释（见图9-15），此时的墨迹注释是以图的形式存在的，如果不想要，可以按Delete键清除。

图9-14

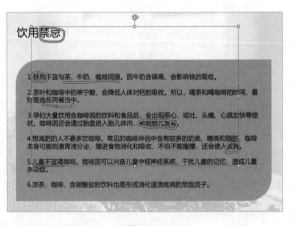

图9-15

9.1.6 插入缩放定位辅助放映切换

"缩放定位"是 PowerPoint 2019 版本中为放映幻灯片灵活跳转开发的新功能,若幻灯片张数比较多,为了灵活控制放映,在章节、转场页、内页之间快速切换时,就可以使用"缩放定位"功能。"摘要缩放定位"是针对整个演示文稿而言的,可以将选择的节或幻灯片生成一个"目录",这样在演示时可以使用缩放从一个页面跳转到另一个页面进行放映。

扫一扫 看视频

❶打开幻灯片,单击"插入"选项卡的"链接"组中的"缩放定位"下拉按钮,在打开的下拉列表中选择"摘要缩放定位"选项(见图9-16),打开"插入摘要缩放定位"对话框。

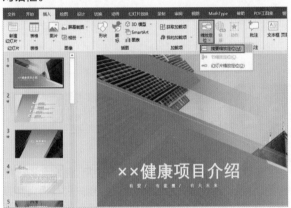

图9-16

❷分别勾选需要添加至摘要的多张幻灯片前的复选框,如图9-17所示。

图9-17

❸单击"插入"按钮返回幻灯片,可以看到插入的摘要幻灯片页面,如图9-18所示。

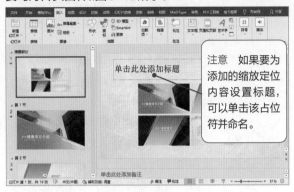

注意 如果要为添加的缩放定位内容设置标题,可以单击该占位符并命名。

图9-18

❹进入幻灯片放映状态,在"摘要"幻灯片页中可以看到添加的幻灯片缩略图,在其中单击某一张缩略图(见图9-19),即可跳转至该页幻灯片,如图9-20所示。

图9-19

图9-20

第3篇 PPT篇

如果要将整个演示文稿汇总到一张幻灯片上，可以通过"摘要缩放定位"进行设置；如果要仅显示选定的幻灯片，可以通过"幻灯片缩放定位"进行设置；如果要仅显示单个节，可以通过"节缩放定位"设置幻灯片的播放时间。

9.1.7 放映时放大局部内容

扫一扫 看视频

在放映幻灯片时，可能会有部分文字或图片较小的情况，此时在放映时可以通过局部放大幻灯片中的某些区域，使内容被放大从而清晰地呈现在观众面前。

❶进入幻灯片放映状态，在屏幕上右击，在弹出的快捷菜单中选择"放大"选项，如图9-21所示。

图9-21

❷此时幻灯片编辑区中的鼠标指针变为一个放大镜的图标，鼠标指针周围是一个矩形区域，其他部分则是灰色，矩形所覆盖的区域就是即将放大的区域，将鼠标指针移至要放大的位置后，单击即可放大该区域，如图9-22所示。

图9-22

❸单击放大之后，矩形覆盖的区域会占据整个屏幕，

实现局部内容被放大的效果，如图9-23所示。

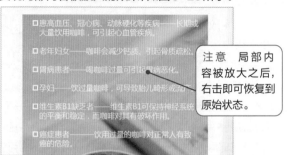

注意 局部内容被放大之后，右击即可恢复到原始状态。

图9-23

除了上述方法外，还可以将鼠标指针移至屏幕左下角，显示出一排按钮，单击其中的放大镜图标，也可以实现放大效果，如图9-24所示。

图9-24

9.2 演示文稿的输出

演示文稿创建完成后，为了方便使用，通常会进行打包处理，从而实现在任意载体上播放，用户需要将完整的演示文稿转换成PDF格式或视频文件等，这些操作都归纳为演示文稿的输出。

9.2.1 打包演示文稿

扫一扫 看视频

虽然在自己的计算机中可以顺利地放映演示文稿，但是当将其复制到其他计算机中进行播放时，原来插入的声音和视频都不能播放了，或者字体也不能正常显示了。要解决这样的问题，可以使用PowerPoint 2021的打包功能，将演示文稿中用到的素材打包到一个文件夹中。

❶打开目标演示文稿，单击"文件"选项卡，在打开的面板中选择"导出"选项，在右侧选择"将演示文稿打包成CD"选项，然后单击"打包成CD"按钮（见

图9-25),打开"打包成CD"对话框。

图9-25

❷单击"复制到文件夹"按钮(见图9-26),打开"复制到文件夹"对话框,在"文件夹名称"文本框中输入名称,并设置保存位置,如图9-27所示。

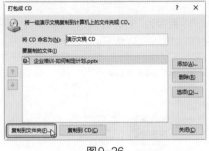

图9-26

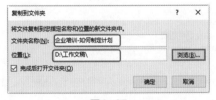

图9-27

❸单击"确定"按钮,即可对演示文稿进行打包处理,进入保存目录下可以看到打包好的素材,如图9-28所示。

图9-28

9.2.2 将演示文稿转换为 PDF 文件

PDF 文件以 PostScript 语言图像模型为基础,无论在哪种打印机上,都可确保以很好的效果打印出来,即 PDF 会忠实地再现原稿中的每一个字符、颜色及图像。创建完成的演示文稿也可以保存为 PDF 格式。

扫一扫 看视频

❶打开目标演示文稿,单击"文件"选项卡,在打开的面板中选择"导出"选项,在右侧选择"创建PDF/XPS文档"选项,然后单击"创建PDF/XPS"按钮,如图9-29所示。

图9-29

❷打开"发布为PDF或XPS"对话框,设置PDF文件的保存路径,如图9-30所示。

图9-30

❸单击"发布"按钮。发布完成后,即可将演示文稿保存为PDF格式,可进入保存目录中打开查看,如图9-31所示。

第3篇 PPT篇

图9-31

经验之谈

　　将演示文稿发布成PDF/XPS文档时，可以有选择地选取需要发布的幻灯片。其方法为：在"发布为PDF或XPS"对话框中单击"选项"按钮，打开"选项"对话框，在"范围"栏中选择需要发布的幻灯片，如图9-32所示。

图9-32

9.2.3 将演示文稿转换为视频文件

扫一扫　看视频

还可以将制作好的演示文稿在视频播放工具中以幻灯片的方式播放，而且在播放视频时，为幻灯片设置的每个动画效果、音频效果等都可以播放出来。

❶打开目标演示文稿，单击"文件"选项卡，在打开的面板中选择"导出"选项，在右侧选择"创建视频"选项，然后单击"创建视频"按钮，如图9-33所示。

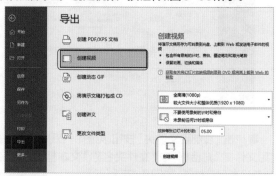

图9-33

❷打开"另存为"对话框，设置视频文件的保存路径与保存名称，如图9-34所示。

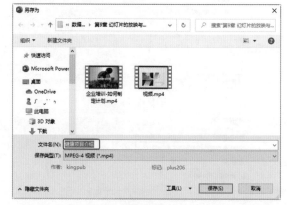

图9-34

❸单击"保存"按钮，可以在演示文稿下方看到正在制作视频的提示。制作完成后，进入保存目录中可以看到生成的视频文件，如图9-35所示。

图9-35

❹双击文件，即可打开播放器播放视频，图9-36所示为正在播放的画面。

图9-36

9.2.4 将幻灯片批量输出为单张图片

PowerPoint 2021中自带了快速将演示文稿保存为图片的功能，即将设计好的幻灯片转换成一张张的图片。转换后的图片可以像普通图片一样使用，这样使用起来比较方便。

扫一扫 看视频

❶打开目标演示文稿，单击"文件"选项卡，在打开的面板中选择"导出"选项，在右侧选择"更改文件类型"选项，然后在右侧选择"JPEG文件交换格式(*.jpg)"，单击"另存为"按钮，如图9-37所示。

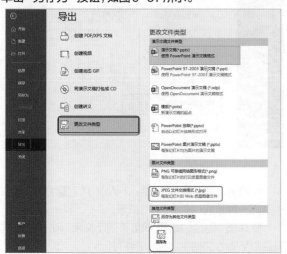

图9-37

❷打开"另存为"对话框后，设置保存位置及名称，

如图9-38所示。

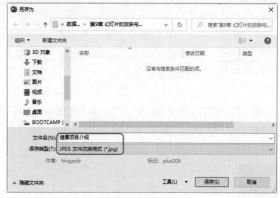

图9-38

❸单击"保存"按钮，系统会弹出提示对话框，如图9-39所示。

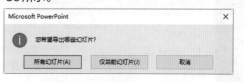

图9-39

❹单击"所有幻灯片"按钮，即可将演示文稿中的每张幻灯片都保存为图片，此时会再次弹出提示对话框，提示每张幻灯片都以独立文件的方式保存到了指定位置，如图9-40所示。

图9-40

❺单击"确定"按钮即可完成保存，进入保存目录中可以看到所保存的图片，如图9-41所示。

图9-41

9.2.5 将演示文稿转换为 GIF 动图

扫一扫 看视频

如果觉得视频文件太大，可以将演示文稿的全部幻灯片或者部分幻灯片创建为 GIF 动图。

❶打开目标演示文稿，单击"文件"选项卡，在打开的面板中选择"导出"选项，在右侧选择"创建动态 GIF"选项，然后单击"创建 GIF"按钮，如图9-42所示。

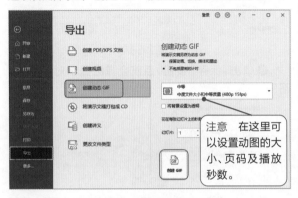

图9-42

❷打开"另存为"对话框，设置文件的保存位置，如图9-43所示。

图9-43

❸单击"保存"按钮，进入保存目录中即可看到 GIF 动图格式的幻灯片效果，如图9-44所示。

图9-44

9.2.6 创建讲义

扫一扫 看视频

在保存演示文稿时，可以将其以讲义的方式插入 Word 文档，每张幻灯片都会以图片的形式显示出来。如果在创建幻灯片时为幻灯片添加了备注信息，那么就会显示在幻灯片旁边。

❶打开目标演示文稿，单击"文件"选项卡，在打开的面板中选择"导出"选项，在右侧选择"创建讲义"选项，然后单击"创建讲义"按钮，如图9-45所示。

图9-45

❷打开"发送到 Microsoft Word"对话框，在列表中选择一种版式，如图9-46所示。

❸单击"确定"按钮，即可将演示文稿以讲义的方式发送到 Word 文档中，如图9-47所示。

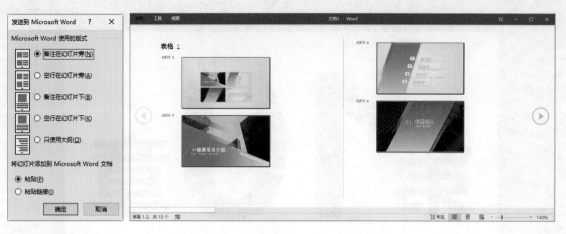

图9-46   图9-47

第10章

思维导图

10.1 了解思维导图

思维导图是一种将思维过程进行可视化的实用工具。换句话说,思维导图本质上是为了引导思维而画的草稿图。思维导图在日常工作和学习中的应用非常广泛,例如:

扫一扫 看视频

(1)列计划。待办事项的列表是思维导图的常见应用,可以与其他人共享以便共同完成计划。

(2)写提纲。写方案、论文或者制作 PPT 时可以利用思维导图罗列提纲,把每部分的素材获取方式都列出来,在编写时思路会比较清晰。

(3)写笔记。可以通过思维导图将所读书本和课堂所学内容的整体结构勾勒出来,真正做到把书读薄,可以起到提纲挈领的作用。

(4)理清思路。思维导图如同与自己对话,当无法权衡利弊时,将自己能想到的问题都罗列出来,同时,将实施方案也对应地罗列出来,当这些信息都以思维导图的模式呈现时,可以纵观全局,权衡利弊。

目前比较常见的思维导图绘制软件主要有 XMind、MindMaster、FreeMind 和 MindManager 等。其中,XMind 是一款易操作的思维导图制作软件,使用该软件能够轻松制作思维导图。作为一款能有效提升工作效率和学习效率的工具,XMind 受到了众多用户的喜爱。本章将带领用户快速掌握该软件的使用方法,体会思维导图的魅力所在。

10.2 制作思维导图

10.2.1 下载 XMind

对于使用计算机(如 Windows、macOS、Linux 系统)的用户而言,可以打开浏览器搜索 XMind 软件的官网下载 XMind。对于移动端(如手机、平板)的用户而言,需要在苹果商店 App Store 或 Android 各大应用商店中下载。

扫一扫 看视频

❶打开网页并在地址栏中输入 XMind 思维导图官方安装地址(见图10-1),单击"免费下载"按钮进行下载。

图10-1

❷安装完毕打开程序,完成用户注册后输入登录信息即可,如图10-2所示。

图10-2

经验之谈

XMind 分为免费体验版和需要购买的专业版两个版本,免费体验版可以把思维导图导出为图片格式。专业版除了可以导出为图片,还可以导出为Word、Excel 和 PPT 格式。用户根据自己计算机的操作系统来选择要下载的版本即可。

10.2.2 使用 XMind

安装 XMind 后,可以从 Windows 的"开始"菜单中单击 XMind 进行启动。首次启动时,会出现模板窗口,供用户选择模板样式。

扫一扫 看视频

❶双击桌面上的 XMind 程序图标打开首页界面,在"最近"列表中选择一种思维导图样式,如图10-3所示(这

里可以选择新建空白样式，也可以选择其他模板样式）。

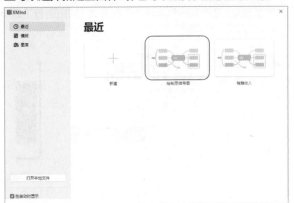

图10-3

❷单击"绘制思维导图"缩略图即可创建默认的思维导图样式，如图10-4所示（后期可以根据需要修改图形样式和图形内的文字）。

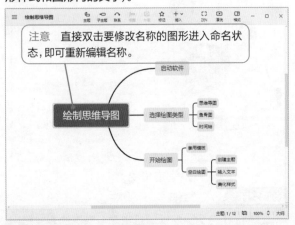

图10-4

经验之谈

在绘制思维导图时，有多种结构可以选择。
● 平衡图：思维导图的基础结构，可以帮助用户发散思维，纵深思考。
● 逻辑图：用于表达基础的总分关系或分总关系。
● 组织结构图（上、下）：用于制作公司组织架构、职级分类等。
● 树状图（向左、向右）：用于逻辑分析。
● 时间轴：用于项目管理。
● 鱼骨图：用于因果关系，适用于原因分析等场景。
● 矩阵图：涉及两个维度的用途，用于管理项目任务或制作个人计划。

10.2.3 选择主题

XMind有4种不同类型的主题，分别为中心主题、分支主题、子主题和自由主题，用户可以根据创建思路选择合适的主题类型。

>>>**1. 主题分类**
● 中心主题：中心主题是思维导图的核心，通常位于画布的中心，每张思维导图仅有一个中心主题。双击中心主题，可以输入思维导图的名字，如文章的标题、书籍名称、会议名称、组织名称或项目名称等，如图10-5所示。

图10-5

● 分支主题：由中心主题扩散出来的下一级主题。双击分支主题，可以编辑和输入分支主题的内容。
● 子主题：由分支主题扩散出来的下一级主题。双击子主题，可以输入子主题的内容。
● 自由主题：独立于中心主题结构外的主题，可以单独存在，作为结构的补充。

>>>**2. 添加主题**

XMind默认提供的主题可能无法满足需要，可以利用如下方法快速添加分支主题、子主题和自由主题。
❶选中主题，单击工具栏中的"主题"按钮进行添加，如图10-6所示。

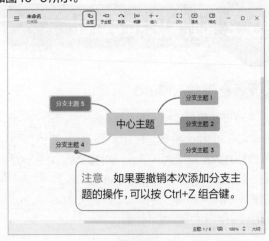

图10-6

❷选中一个分支主题，单击工具栏中的"子主题"按钮进行添加，如图10-7所示。

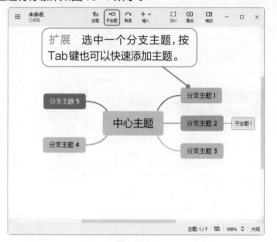

图10-7

❸添加自由主题的方法很简单，在画布空白处双击即可添加自由主题，如图10-8所示。

图10-8

10.2.4 添加主题元素

XMind 允许用户添加一些主题元素，如联系、概要、外框、笔记等，这些主题元素可以用来对主题进行分类、补充和强调，从而突出主题之间的逻辑关系。添加主题元素的方法非常简单，既可以利用工具栏中的工具，也可以利用"插入"菜单中的相关选项。

扫一扫 看视频

>>>1. 联系

当某个主题与另一个主题存在某种联系时，可以构建主题之间的联系线。单击工具栏中的"联系"按钮，选中箭头开始位置的主题块，再选中箭头结束位置的主题块，两个主题块之间就建立了联系，并在两个主题块之间绘制出了联系线(虚线箭头)，如图10-9所示。

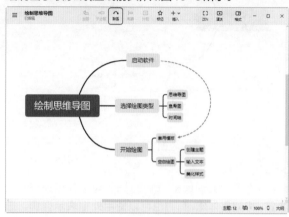

图10-9

经验之谈

双击联系线，即可在线条上添加描述，也就是让其他人明白由主题开始到主题结束的过程，如图10-10所示。

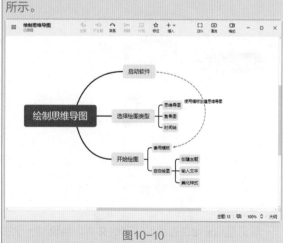

图10-10

>>>2. 概要

在 XMind 中，概要用于为选中的主题添加总结文字。当想对几个主题进行总结和概括，并进一步对主题进行升华时，可以添加概要。选择一个分支主题，单击工

Word+Excel+PPT+思维导图+PS+钉钉+甘特图+电脑加速：
职场办公视频教程8合1

具栏中的"概要"按钮，如图10-11所示。

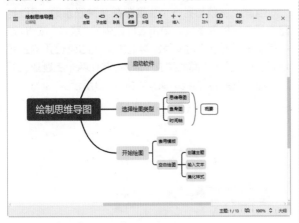

图10-11

>>>3. 外框

当某几个知识属于一个整体时，可以使用外框表示合集，构建整体感，有时也可以使用外框表示强调。选择要添加外框的分支主题，单击工具栏中的"外框"按钮。添加外框后，双击外框可以为外框添加标题，如图10-12所示。

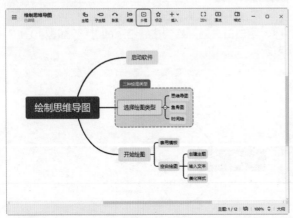

图10-12

>>>4. 笔记

笔记是用于给主题添加注释的文本。当想对一个主题进行详细阐述，但又不想影响思维导图的美观性时，插入笔记是一个很好的方式。单击某个主题后，单击工具栏中的"插入"按钮，在打开的下拉列表中选择"笔记"选项（见图10-13），会打开一个笔记框，在其中输入笔记

内容即可，如图10-14所示。

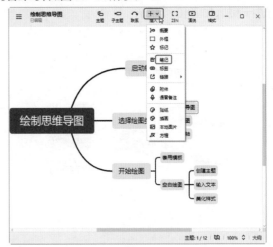

图10-13

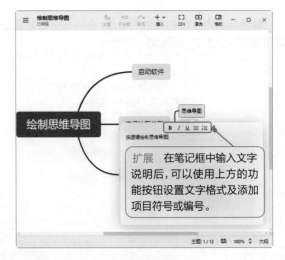

图10-14

10.2.5 添加对象元素

扫一扫 看视频

对于已经创建的思维导图，还可以添加标记、贴纸或本地图片，使思维导图更有特色。

>>>1. 插入图标

❶选中想要修改的主题，单击工具栏中的"插入"

180

按钮，在打开的下拉列表中选择"标记"选项(见图10-15)，在窗口的右侧会显示标记面板，用户可以在其中选中适当的符号，如数字、星星、旗帜、人像、箭头、星期、月份等。

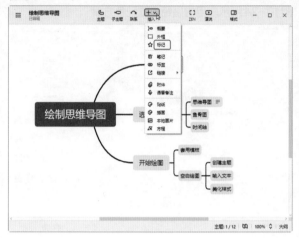

图10-15

❷选中"启动软件"图形，单击右侧"优先级"栏下的编号样式即可应用，如图10-16所示。

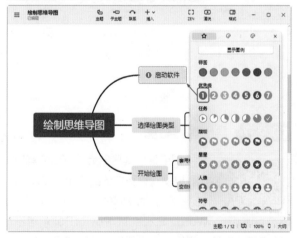

图10-16

>>>2. 插入贴纸

如果要添加贴纸，可以将光标置于图形中的放置位置，切换至"贴纸"栏下，选择一个贴纸类型，如图10-17所示。

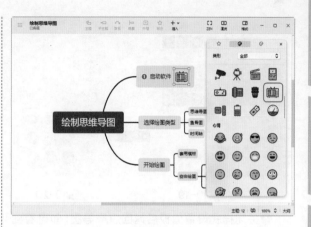

图10-17

10.2.6 设置思维导图样式

创建思维导图后，还可以设置思维导图的样式，如设置某个主题的样式或者调整思维导图的画布、配色方案等。

扫一扫 看视频

>>>1. 更改画布样式

❶单击"格式"选项卡，打开右侧的样式设置面板，如图10-18所示。

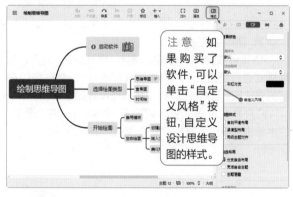

图10-18

❷单击"背景颜色"下拉按钮，在打开的颜色列表中选择颜色，如图10-19所示。

❸通过设置"全局字体"和"分支线粗细"可以调整样式，单击"彩虹分支"下拉按钮，在打开的下拉列表中可以选择配色效果，如图10-20所示。

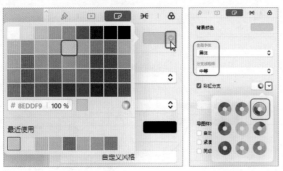

图10-19　　　　　　　　图10-20

❹关闭样式设置面板后返回思维导图，即可看到更改后的字体格式、背景颜色、分支样式等效果，如图10-21所示。

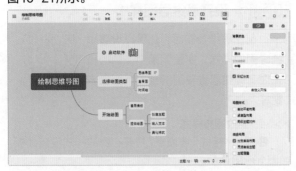

图10-21

>>>2. 更改主题样式

XMind 支持对主题结构、形状、填充颜色、边框等各种样式进行自定义。所有关于样式的修改，都在窗口右侧的样式设置面板中进行，具体操作步骤如下。

打开样式设置面板后切换至"骨架"栏，在"骨架"栏中单击思维导图的骨架即可，如图10-22所示。

图10-22

>>>3. 更改配色方案

单击样式设置面板中的"配色方案"按钮，在打开的下拉列表中选择一种彩虹配色方案，如图10-23所示。也可以在下拉列表中的风格选项中应用配色方案。例如，图10-24所示应用的是经典款配色方案。

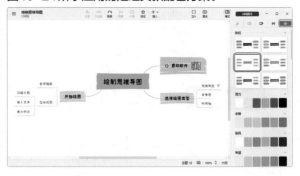

图10-23

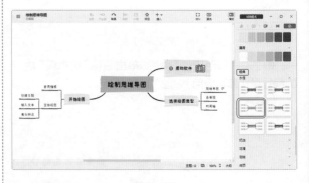

图10-24

10.2.7　导出思维导图

扫一扫　看视频

创建好思维导图后，可以将其导出，以便获得更广泛的应用。XMind 支持导出为 PNG、SVG、PDF、Word、Excel 或 PowerPoint 等不同格式的文件。例如，要将创建的思维导图导出为 PNG 格式，可以按照下述步骤进行操作。

❶单击"文件"按钮，在打开的下拉列表中选择"导出"选项，在子列表中选择 PGN 选项(见图10-25)，打开如图10-26所示的"导出为 PNG"对话框。

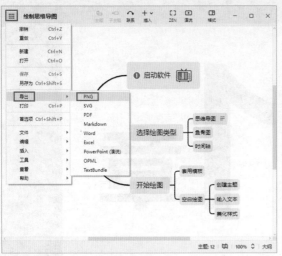

图10-25　　　　　　　　　　　　　　　　　　图10-26

❷分别设置内容(当前画布或全部画布)和缩放比例后,单击"导出"按钮,打开Export对话框,输入文件名(见图10-27),单击"保存"按钮打开文件,即可得到PNG格式的思维导图,如图10-28所示。

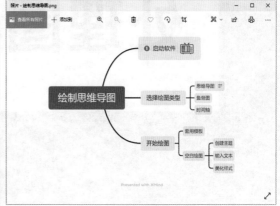

图10-27　　　　　　　　　　　　　　　　　　图10-28

第11章

Photoshop CS
处理图像技巧

11.1 画布与素材设置

在Photoshop CS中执行平面设计和图像文字处理时，首先需要建立画布并添加素材图像，下面介绍一些画布与素材设置的基础知识。

11.1.1 新建画布

在设计对象之前，需要建立大小尺寸合适的画布，接着在画布中添加图像和文字。

扫一扫 看视频

❶运行Photoshop CS后，单击"文件"选项卡，在打开的下拉列表中选择"新建"选项（见图11-1），打开"新建"对话框。

❷分别设置画布的"宽度"和"高度"，如图11-2所示。

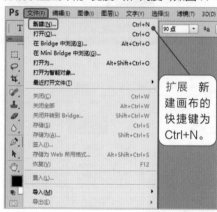

> 扩展 新建画布的快捷键为Ctrl+N。

图11-1

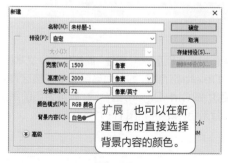

> 扩展 也可以在新建画布时直接选择背景内容的颜色。

图11-2

❸单击"确定"按钮，即可新建指定尺寸的空白画布，如图11-3所示。

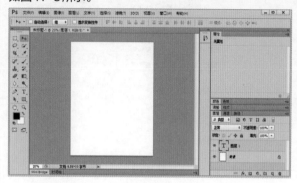

图11-3

11.1.2 调整画布尺寸

如果把Photoshop CS中的画布比作一张白纸，那么图像就是这张白纸上的画。当修改画布尺寸时，画布中的图像并不会随着画布的大小而变化。用户可以使用"画布大小"功能修改画布的宽度和高度。

扫一扫 看视频

❶运行Photoshop CS后，单击"图像"选项卡，在打开的下拉列表中选择"画布大小"选项（见图11-4），打开"画布大小"对话框。

> 扩展 也可以直接按Ctrl+Alt+C组合键打开"画布大小"对话框。

图11-4

❷分别输入新的"宽度"和"高度"（见图11-5），然后单击"确定"按钮返回画布，即可看到放大的画布效果，如图11-6所示。

图11-5

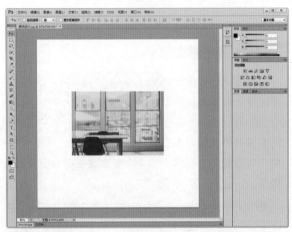

图11-6

经验之谈

如果在调整画布尺寸时勾选"相对"复选框，那么其"宽度"和"高度"数值将代表实际增加或减少的区域的大小，而不再代表整个文档的大小。

如果想要将画布中的图像显示在指定位置，可以在"画布大小"的"定位"栏中选择一种方向。图11-7和图11-8所示为选择右上角定位方向的效果。

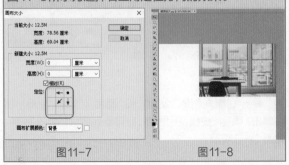

图11-7 图11-8

11.1.3 前景色与背景色

扫一扫 看视频

在 Photoshop CS 中，画布颜色包含前景色和背景色，在实际应用中，随时应用和设置前景色及背景色是非常重要的。

❶运行Photoshop CS后，新建画布，单击左侧工具栏中的"前景色"按钮，打开"拾色器(前景色)"对话框，重新指定前景色，如图11-9所示。按照相同的方法打开"拾色器(背景色)"对话框，重新指定背景色，如图11-10所示。

图11-9

图11-10

❷添加文本图层，在"属性"面板中选中文本图层后，按Alt+Delete组合键，即可为当前图层或选区设置前景色(白色)；按Ctrl+Delete组合键，即可为当前图层或选区设置背景色(绿色)，如图11-11所示。

图11-11

11.1.4 添加素材图像

无论要对图像执行哪种操作，首先要找到合适的单张或多张图像并打开，将其显示在一张画布上。

扫一扫 看视频

❶运行Photoshop CS后，单击"文件"选项卡，在打开的下拉列表中选择"打开"选项(见图11-12)，打开"打开"对话框。

❷选中需要的素材图像，如图11-13所示。

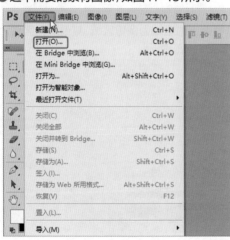

图11-12

❸单击"打开"按钮即可添加图像，如图11-14所示，"图层"面板中显示的名称默认为"背景"。

图11-13

图11-14

❹缩小图像所在窗口，此时鼠标指针变成箭头符号，按住鼠标左键不放将图像向左边的空白画布中拖动。

❺释放鼠标即可将图像拖动到画布中进行显示，在"图层"面板中可以看到图像显示在背景画布的上方，如图11-15所示。

图11-15

⑥按相同的操作方法打开另外一张图像，并将其拖动到画布中，在"图层"面板中可以看到三个对象的顺序，如图11-16所示。

图11-16

经验之谈

打开图像文件之后，将鼠标指针指向标题栏，再按住鼠标左键将其向下方的区域拖动，即可缩小图像文件的窗口。

11.2 编辑图像

图像编辑是Photoshop CS图像处理的基础，用户可以对图像执行裁剪等操作；如果要对图像进行专业色彩处理，可以使用校色调色方案，从而方便快捷地对图像的颜色进行明暗、色偏的调整和校正；也可以快速修复曝光不足的照片。

11.2.1 裁剪图像

扫一扫 看视频

如果图像中包含不需要的区域，可以使用裁剪功能执行任意角度的裁剪，只保留需要的部分。

①运行Photoshop CS后，打开需要裁剪的图像，单击左侧工具栏中的"裁剪工具"按钮（见图11-17），即可进入图像裁剪状态。

图11-17

②将鼠标指针移至图像上，此时鼠标指针变成形状（见图11-18），在需要保留的图像区域拖动鼠标框选出裁剪区域，如图11-19所示。

图11-18　　　　　　　图11-19

③框选出的区域为保留区域，其他灰色区域为裁剪区域，如图11-20所示。

图11-20

④裁剪完毕，按Enter键弹出提示对话框（见图11-21），单击"裁剪"按钮即可得到裁剪后的新图像，效果如图11-22所示。

图11-21

图11-23

图11-22

在裁剪图片时,可以通过调整图像四周的裁剪控点执行宽度和高度的精确裁剪。

11.2.2 校正照片偏色

环境光和拍摄设备等因素可能会导致照片偏色,如偏暖色调或偏冷色调,下面介绍如何快速校正照片偏色使其恢复正常的色调。

扫一扫 看视频

❶打开需要调整偏色的照片文件,单击"图层"面板下方的"创建新的填充或调整图层"按钮(见图11-23),在打开的下拉列表中选择"色阶"选项(见图11-24),打开"属性"面板。

图11-24

❷按Alt键的同时单击"自动"按钮(见图11-25),打开"自动颜色校正选项"对话框。

❸选中"算法"栏下的"增强每通道的对比度"单选按钮,并勾选"对齐中性中间调"复选框,如图11-26所示。

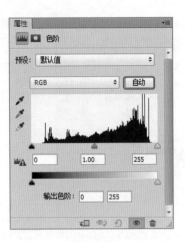

图11-25

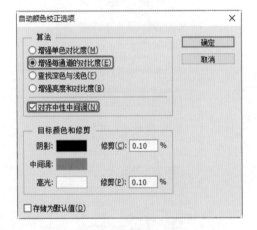

图11-26

❹单击"确定"按钮，即可将照片恢复为正常色调，效果如图11-27所示。

图11-27

11.2.3 修复曝光不足的照片

拍摄逆光照片时经常会出现曝光不足的情况，通过调整阴影/高光的各项参数，可以得到一张曝光合适的照片。

扫一扫 看视频

❶打开曝光不足的素材照片，单击"图像"下拉列表中的"调整"选项，并在其子列表中选择"阴影/高光"选项(见图11-28)，打开"阴影/高光"对话框。

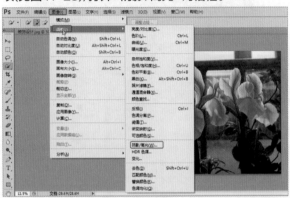

图11-28

❷预览照片的同时依次调整各个参数值(见图11-29)，直到照片达到理想的曝光效果。

❸单击"确定"按钮，即可得到修复后的照片，效果如图11-30所示。

图11-29

图11-30

11.3 制作文字特效

在日常工作中经常需要制作特殊效果的文字，让画面整体看起来更加生动、更加有趣，从而吸引用户的注意力。Photoshop CS的特效制作功能主要是由滤镜、通道及工具综合应用完成的。例如，图像的特效创意和特效文字的制作，特效包括描边、发光、浮雕等形式，这些效果能以非破坏性的方式更改图层内容的外观。

11.3.1 设置图层模式

利用Photoshop CS添加文本后，如果对文本图层应用投影并添加新的文本，则将自动为新文本添加阴影。这里的图层样式是应用于一个图层或图层组的一种或多种效果。可以应用 Photoshop CS 附带的某一种预设样式，或者使用"图层样式"对话框来创建自定义样式。用户可以在单个图层样式中应用多个效果。此外，部分效果的多个实例可以构成一个图层样式。

扫一扫 看视频

在"图层"面板中可以设置混合模式和不透明度。混合模式是指当图像叠加时，上方图层和下方图层的像素

进行混合，从而得到另外一种图像效果。混合模式是将图层各通道分别对应混合，可以说通道混合是混合模式的基础。

不透明度用于确定选定图层遮蔽或显示其下方图层的程度。不透明度为100%时，当前图层会呈完全不透明状态。

在图11-31所示的"图层"面板中，在图片背景中添加文字后(分别属于两个不同的图层)，单击"混合模式"下拉按钮，在打开的下拉列表中可以看到默认为"正常"模式(在"正常"模式下编辑的每个像素都将直接形成结果色，这是默认模式，也是图像的初始状态)。

扩展　在该菜单栏中可以更改文字的字号、格式及颜色等参数。

扩展　单击"横排文字"工具按钮激活文字工具，直接输入文字即可。

图11-31

当选中文字图层并更改其图层混合模式为"叠加"时，即可得到如图11-32所示的效果(文字自动填充图片背景效果)。

图11-32

11.3.2 制作描边文字效果

扫一扫 看视频

制作网页商品图展示或宣传图时，可以设置大号字体并为其添加描边效果。

❶ 创建任意尺寸的画布，如500px×500px。选择文字工具输入文字，调整为合适的字体、字号、高度、间距，如图11-33所示。

❷ 在右侧的"图层"面板中选择文字图层，并设置"填充"为0%，如图11-34所示。

图11-33

图11-34

❸ 单击"创建新的填充或调整图层"按钮，在打开的下拉列表中选择"纯色"选项(见图11-35)，打开"拾色器(纯色)"对话框。在其中选择一种颜色，如图11-36所示。

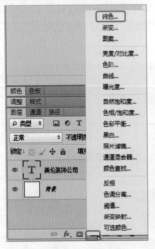

图11-35

图11-36

❹ 继续选中文字图层并右击，在弹出的快捷菜单中选择"混合选项"选项(见图11-37)，打开"图层样式"对话框。

❺ 切换至"描边"标签，并在右侧分别设置"结构"参数和"颜色"参数，如图11-38所示。

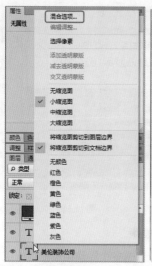

图11-37

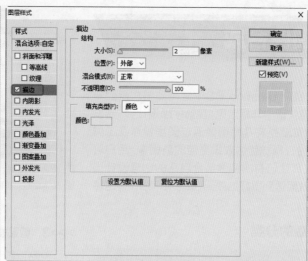

图11-38

❻ 单击"确定"按钮返回画布，即可看到添加了描边效果的文字，如图11-39所示。

图11-39

11.3.3 制作发光文字效果

　　为文字添加了描边效果之后，还可以在"图层样式"对话框中设置发光效果。

扫一扫　看视频

　　❶ 根据11.3.2小节介绍的步骤打开"图层样式"对话框，切换至"外发光"标签，并在右侧分别设置各种参数，如图11-40所示。

　　❷ 单击"确定"按钮，即可看到添加了发光效果的文字，如图11-41所示。

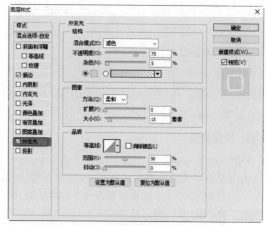

图11-40

图11-41

11.4 图像合成

图像合成是Photoshop CS中应用非常广泛的一项操作，在日常生活中非常常见，包括平面设计、广告设计等。图像合成就是将几幅图像通过图层操作及工具应用合成完整的、视觉传达效果更佳的新图像，用户可以使用绘图工具让已有的图像结合自己的创意设计出更好的图像，从而达到更好的效果，如展示商品、传达意志等。

11.4.1 蒙版的分类

扫一扫 看视频

蒙版是Photoshop CS中的一项十分重要的功能，是在不破坏原图像的基础上对图像进行编辑的工具。

常用的四种蒙版类型分别是矢量蒙版、图层蒙版、剪贴蒙版和快速蒙版。总的来说，蒙版可以通过控制图像的显示或隐藏达到一些效果。本小节会具体介绍蒙版的分类，之后的小节会依据此知识点进行抠图和图像合成（应用矢量蒙版和图层蒙版）。

>>>1. 矢量蒙版

矢量蒙版即形状蒙版，它能够自由变换形状。例如，可以将抠图路径保存为矢量蒙版，方便后期调整。好比叠在一起的黑白两张纸，如果想看到底下白色的纸，就可以使用矢量蒙版功能，可以实现在不破坏黑纸的情况下，让蒙版下方的图层画面（即白纸）显示出来。

>>>2. 图层蒙版

图层蒙版可以理解为在当前图层上面覆盖一层玻璃片，这种玻璃片有透明、半透明和完全不透明三种状态。使用各种绘图工具在蒙版上涂色，涂黑色的地方，蒙版会变为透明状态，看不见当前图层的图像；涂白色的地方，蒙版会变为不透明状态，可看到当前图层上的图像；涂灰色的地方，蒙版会变为半透明状态，透明的程度由涂色的灰度深浅决定。

打开PS文件，在右侧的"图层"面板中选中缩略图后，单击下方的"添加图层蒙版"按钮（见图11-42），即可添加图层蒙版。

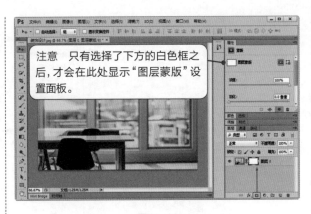

图11-42

>>>3. 剪贴蒙版

剪贴蒙版是由多个图层组成的群体组织，最下面的一个图层叫作基底图层（简称为基层），位于其上的图层叫作顶层。基层只能有一个，顶层可以有若干个。从广义上来说，剪贴蒙版是指包括基层和所有顶层在内的图层群体；而从狭义上来说，剪贴蒙版单指其中的基层。

>>>4. 快速蒙版

快速蒙版实际上就是通道，运用快速蒙版创建的临时通道可进行通道编辑，使用快速蒙版可以创建和修改选区。在快速蒙版模式下，红色是非选区，原图像颜色是选区。

快速蒙版通过使用黑、白、灰三类颜色画笔制作选区，白色画笔可以画出被选择区域，黑色画笔可以画出不被选择区域，灰色画笔可以画出半透明选择区域。

11.4.2 应用矢量蒙版抠图

扫一扫 看视频

矢量蒙版最主要的应用就是抠图。白色的矢量蒙版是"显现"，黑色的矢量蒙版是"隐藏"。

❶图11-43（素材图片1）和图11-44（素材图片2）所示分别是本例中需要应用的素材图片。

❷切换至素材图片1后，选中右侧"图层"面板的背景图层，按Ctrl+J组合键执行图层复制操作，如图11-45所示。

❸单击左侧工具栏中的"钢笔工具"按钮,沿着图像需要的部分依次单击选中要抠除的区域,调整完毕右击,在弹出的快捷菜单中选择"创建矢量蒙版"选项(见图11-46),即可在"图层"面板中创建矢量蒙版。

❹按Esc键退出"钢笔工具"状态后,单击左侧工具栏中的"移动工具"按钮,将创建的矢量蒙版图形向素材图片2上移动,如图11-47所示。

图11-43

图11-44

图11-45

图11-46

图11-47

❺移至素材图片2上之后,按Ctrl+T组合键进入图像尺寸调整状态,如图11-48所示。

第5篇 PS篇

图11-48

⑥通过拖动图片四周的控点将图片调整至合适大小，并移至合适位置摆放。

⑦分别按Ctrl+B和Ctrl+M组合键依次打开"色彩平衡"和"曲线"对话框，调整好各个参数值(见图11-49和图11-50)，直至素材图片1中的花瓶色调及明暗度与素材图片2保持一致(素材图片2的整体色调为偏灰且偏黄色调)。

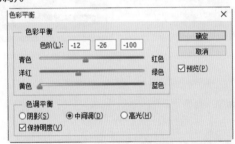

图11-49

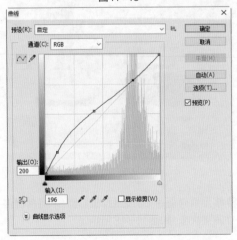

图11-50

⑧依次单击"确定"按钮返回素材图片，即可看到抠图后的应用效果，如图11-51所示。

注意　调整色调明暗度时，首先要在"图层"面板中准确选中要调整的图层。

图11-51

11.4.3 应用图层蒙版合成图像

用户可以将两张色调和明暗度相差无几的图片执行合并操作，借助图层蒙版功能可以将两张图片设计成更具创意的新图片。

扫一扫 看视频

①图11-52(素材图片1)和图11-53(素材图片2)所示分别是本例中需要应用的素材图片。

图11-52

图11-53

❷按Ctrl+N组合键打开"新建"对话框,新建如图11-54所示大小的新画布。

❸依次打开这两张素材图片并移至该画布上,两张素材图片的放置顺序如图11-55所示(注意,分别放在两个图层上)。

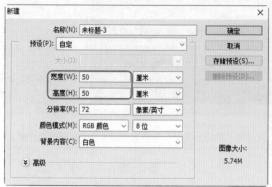

图11-54　　　　　　　　　　　　　　　　图11-55

❹在右侧的"图层"面板中选中素材图片1,单击下方的"添加图层蒙版"按钮(见图11-56),即可为其添加蒙版效果(白色部分)。

❺选中图层蒙版缩略图,在左侧工具栏中选择"画笔工具",并在上方根据需要设置画笔的参数(如大小、硬度、透明度等),如图11-57所示。

❻将前景色设置为黑色,背景色设置为白色。

图11-56　　　　　　　　　　　　　　　　图11-57

❼此时即可在图像上进行涂抹(见图11-58),为部分图层蒙版添加黑色(黑色会隐藏包含蒙版的图层中相应的部分,使下方图层中的图像可以显示出来)。

图11-58

❽涂抹完毕的图层合并效果如图11-59所示。

注意　执行涂抹时一定要事先准确选中图层蒙版对象。

图11-59

经验之谈

在涂抹的过程中如果要快速改变画笔大小,可以按键盘上的右括号键放大画笔,按左括号键缩小画笔。

第12章
钉钉办公技巧

12.1 管理团队共享协作

下载并安装"钉钉"之后，可以建立公司内部工作交流群、进行直播和线上会议等，从而实现团队的有效管理。

12.1.1 下载并注册钉钉

使用钉钉之前，需要在官网上选择计算机版或手机版进行下载安装。

扫一扫 看视频

❶打开钉钉官方下载网页，单击"下载钉钉"按钮（见图12-1），进入下载页面。

图12-1

❷在下载页面中选择一种下载方式，用户可以根据计算机端和手机端两种需求进行选择，如图12-2所示，这里单击Windows图标，即可执行下载操作。

扩展 如果要实现随时随地移动办公，可以选择Android或iPhone下载方式。

图12-2

❸下载结束并安装完之后，打开"钉钉"进入登录界面（见图12-3），依次填写登录信息，即可进入"钉钉"首页，如图12-4所示。

图12-3

图12-4

经验之谈

如果想要在手机端使用钉钉，可以打开手机应用商店，搜索并下载"钉钉"程序。

12.1.2 创建团队

下载并安装好"钉钉"之后，下一步需要创建自己的团队，用户可以根据公司部门建立不同的团队分门别类地进行管理。

扫一扫 看视频

❶打开"钉钉"登录至首页后，单击"创建团队"按钮（见图12-5），进入"开始创建团队"界面。

图12-5

❷输入手机号并单击"立即创建团队"按钮(见图12-6),进入"完善企业信息"界面。依次根据提示输入相关企业信息,如图12-7所示。

图12-6

图12-7

❸单击"立即创建团队"按钮返回"钉钉"首页,即可看到创建的团队窗口,如图12-8所示。

图12-8

12.1.3 邀请公司人员

创建好团队之后,便可邀请相关人员加入团队,实现实时沟通、共享协作。

扫一扫 看视频

❶创建团队后,单击"添加成员入群"链接(见图12-9),进入"添加成员加入团队"界面。
❷可以通过链接或二维码的形式邀请成员加入,也可以批量导入成员,如图12-10所示。

图12-9

第6篇 钉钉篇

图12-10

12.1.4 建立群并发起直播

如果想在家里实现在线办公，及时和其他成员互动沟通以解决工作中遇到的问题，可以建立项目工作专属群，并在该群中发起在线直播。

❶单击"钉钉"首页右上角的"发起"按钮，在打开的下拉列表中选择"发起群聊"选项(见图12-11)，进入"发起群聊"界面。

图12-11

❷单击"创建"按钮(见图12-12)，进入"创建聊天"界面。

❸分别设置群名称、群类型等内容，如图12-13所示。

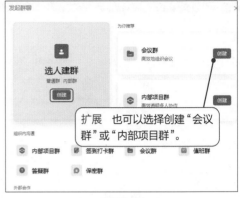

图12-12

图12-13

❹设置完毕单击"确定"按钮返回"钉钉"首页，即可看到新建好的群。

❺如果要在该群中发起直播以沟通工作相关内容，可以在聊天窗口中单击工具栏中的"发起直播"按钮(见图12-14)，进入"个人实名认证"界面(见图12-15)，根据提示扫码完成设置即可进入直播。

图12-14

图12-15

12.1.5 管理通讯录

添加了多个成员及工作群之后，为了方便、快速地找到这些群和人员，可以在"通讯录"中查看。

扫一扫 看视频

打开"钉钉"首页，单击左侧列表中的"通讯录"选项卡，即可在右侧打开"通讯录"面板，在此可以选择查看常用联系人、我的好友等信息，如单击"我的群组"，即可看到当前账号下拥有的所有群，如图12-16所示。

图12-16

12.1.6 发起会议

使用钉钉会议能够让用户随时随地打开手机或计算机，即可与指定人员发起视频会议。

扫一扫 看视频

❶打开"钉钉"首页，单击左侧列表中的"会议"选项卡，打开"会议"面板，单击"发起会议"按钮(见图12-17)，即可进入"会议"界面，如图12-18所示。

图12-17

图12-18

❷可以选择先添加参会人，也可以选择先进入会议。图12-19所示为进入会议后的界面(本例中的摄像头为关闭状态)。

图12-19

12.2 管理 OA 工作台

公司管理人员/员工可以通过钉钉工作台进行各种应用操作，如审批、写日志、考勤打卡、添加各种公告、管理离职信息等。

12.2.1 招聘管理

扫一扫 看视频

用户可以根据需要添加各种实用的应用，本例会介绍如何管理招聘审批。

>>>1. 添加必备应用

❶打开"钉钉"首页，单击左侧列表中的"工作台"选项卡，进入"OA工作台"界面，单击"添加"按钮（见图12-20），即可打开各种应用。

图12-20

❷依次在需要的应用后单击"添加"按钮，如图12-21所示。

图12-21

>>>2. 创建招聘入职审批

❶添加了应用之后，进入工作台选择一种应用，如"招聘需求"，即可进入"发起审批"界面。

❷根据界面提示依次填写招聘需求信息，如图12-22所示。

图12-22

❸单击"提交"按钮即可完成招聘需求的设置。

❹图12-23所示为入职信息管理设置界面。

图12-23

12.2.2 添加公告

扫一扫 看视频

为了方便管理公司发布假期安排或者其他信息,可以添加公告。首先将公告分门别类,再发布全员公告。

>>>1. 添加公告分类

❶进入"OA工作台"界面之后,单击"公告"链接(见图12-24),进入"公告"界面。

图12-24

❷单击"新建分类"按钮(见图12-25),打开"分类名"对话框。

图12-25

❸输入公告分类名称,如图12-26所示。单击"确定"按钮返回"公告"界面,即可看到新建的分类,如图12-27所示。

图12-26　　　　　　　图12-27

>>>2. 发布公告

❶进入"公告"界面后,首先在左侧的"全部公告"列表中选择公告类别,然后单击右侧的"新建公告"按钮(见图12-28),进入"发公告"界面。

图12-28

❷根据界面提示填写公告标题、选择公告封面图片、填写正文内容等,如图12-29所示。

图12-29

❸单击"发送"按钮,即可完成公告的发布。

12.2.3 考勤管理

扫一扫 看视频

为了方便管理员工的考勤，可以添加各种考勤组、添加班次、设置考勤规则，以及导出考勤报表分析考勤信息等。

>>>1. 添加考勤组

❶进入"OA工作台"界面后，单击"考勤打卡"按钮（见图12-30），进入"考勤打卡"设置界面。

❷单击"考勤组管理"选项卡，打开新界面，再单击"新增考勤组"按钮（见图12-31），进入"新增考勤组"界面。

图12-30　　　　　图12-31

❸依次根据界面提示信息填写考勤组名称，添加考勤人员、考勤组负责人、考勤时间、打卡方式、加班规则等内容，如图12-32所示。

图12-32

❹单击"保存设置"按钮，即可添加新考勤组。

经验之谈

如果要对考勤组中的各项基本信息进行详细设置，可以单击名称右侧的"设置"链接，即可进入相应界面，根据文字提示依次设置即可，如图12-33所示。

图12-33

>>>2. 班次管理

在"考勤打卡"界面左侧列表中单击"班次管理"选项卡，再单击右侧的"新增班次"按钮，即可进入"新增班次"设置界面，根据提示信息依次设置班次名称、班次负责人、上下班时间等，如图12-34所示。

图12-34

>>>3. 设置考勤规则

❶进入"考勤打卡"设置界面后，单击"考勤规则管理"选项卡，打开"考勤规则管理"设置界面，单击"补卡规则"按钮（见图12-35），打开"补卡规则"设置界面。

图12-35

❷ 单击"新增补卡规则"按钮,打开"新增补卡规则"设置界面,依次设置规则名称、应用范围、补卡类型等信息,如图12-36所示。

图12-36

>>>4. 考勤报表

❶ 进入"考勤打卡"界面后,单击"考勤统计"选项卡下的"报表管理"选项(见图12-37),打开"报表管理"设置界面。

❷ 单击"新增报表"按钮,打开"选择报表类型"对话框,选中"月度汇总"单选按钮,如图12-38所示。

图12-37

图12-38

❸ 单击"确定"按钮,然后单击"月度汇总"右侧的"查看"按钮(见图12-39),进入"月度汇总"界面。

图12-39

❹ 单击"导出报表"按钮(见图12-40),打开"另存为"对话框。

❺ 依次设置导出的报表文件名、保存类型和保存位置,如图12-41所示。

图12-40

图12-41

⑥单击"保存"按钮，即可完成考勤报表的导出。

12.2.4 离职管理

扫一扫 看视频

如果公司管理者想要更好地了解和管理公司的离职员工信息，可以事先设置好员工离职申请，审批过后才可计入公司的离职员工信息库。

❶进入"OA工作台"界面后，单击"离职申请"按钮（见图12-42），进入"发起审批"界面。

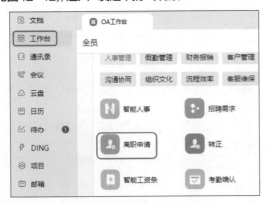

图12-42

❷根据界面提示信息依次设置最后工作日、离职原因等信息，如图12-43所示。

图12-43

12.3 创建并共享钉钉文档

使用钉钉文档可以实现在线办公，如创建文字文档、表格及脑图等，钉钉表格具备一些比较简单实用的类似于Excel表格的功能，如果要处理一些简单的数据分析需求，可以使用钉钉文档。

12.3.1 上传 Word 文档

扫一扫 看视频

用户可以上传 Word 文档至钉钉文档中使用，也可以自定义创建文字文档。

❶打开"钉钉"，单击左侧的"文档"选项卡，进入"钉钉文档"界面。单击右上角的"上传"按钮，在打开的下拉列表中选择"上传文件"选项（见图12-44），打开"打开"对话框。

图12-44

❷选择要上传的文档，如图12-45所示。

图12-45

③单击"打开"按钮即可将其上传至钉钉文档,如图12-46所示。

图12-46

④打开上传文档的效果如图12-47所示。

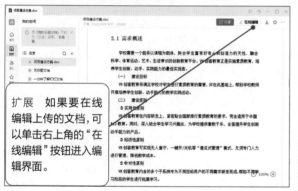

扩展 如果要在线编辑上传的文档,可以单击右上角的"在线编辑"按钮进入编辑界面。

图12-47

12.3.2 创建表格文件

使用钉钉表格可以实现表格的美化功能,并使用一些类似于 Excel 表格数据分析的功能进行表格数据分析,如筛选、设置条件格式、排序等。

扫一扫 看视频

>>>1. 创建表格模板

❶打开"钉钉"后,单击左侧的"文档"选项卡,进入"钉钉文档"界面。单击"新建"按钮,在打开的下拉列表中选择"表格"选项(见图12-48),进入表格创建界面。

图12-48

❷此时可以在表格创建界面中编辑内容,也可以使用表格模板。单击"更多模板"按钮(见图12-49),进入表格模板选择界面。

❸首先选择模板类型,如"项目管理",然后选择合适的模板缩略图,如图12-50所示。

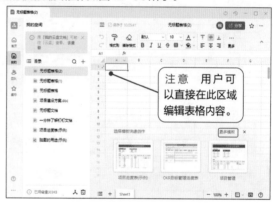

注意 用户可以直接在此区域编辑表格内容。

图12-49

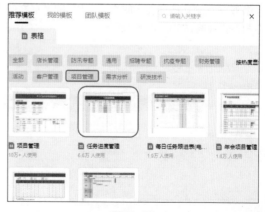

图12-50

❹如果要重命名添加的表格模板,可以在文档列表中单击该表格名称右侧的···按钮,在打开的下拉列表中选择"重命名"选项(见图12-51),直接输入修改的新名称,如图12-52所示。

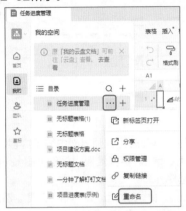

图12-51

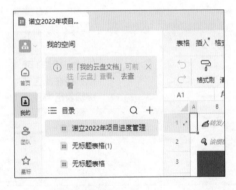

图12-52

❺双击左侧文档列表中的表格名称,即可在右侧界面中打开该表格,如图12-53所示。

图12-53

>>>2. 创建自定义表格

如果想要创建自定义表格,并为其设置边框、底纹、合并单元格等效果,可以按以下步骤进行操作。

❶在表格中输入文本之后,选中要添加边框线的数据区域,单击上方菜单栏中的"边框线"下拉按钮,在打开的下拉列表中分别设置外边框线的颜色和线型,如图12-54所示。

❷保持数据区域的选中状态,继续在打开的下拉列表中分别设置内部框线的颜色和线型,如图12-55所示。

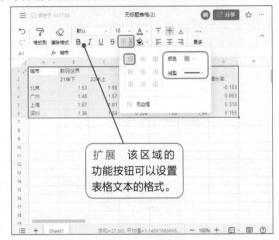

图12-54

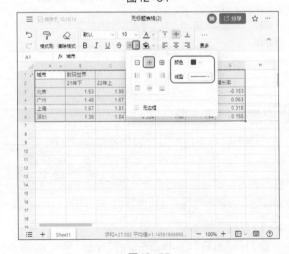

图12-55

❸继续保持数据区域的选中状态,单击菜单栏中的"水平居中"按钮,即可将所有文字水平居中对齐,效果如图12-56所示。

图12-56

❹按Ctrl键依次选中表格中需要合并的多处单元格区域，单击菜单栏中的"合并单元格"按钮，即可合并多个单元格，效果如图12-57所示。

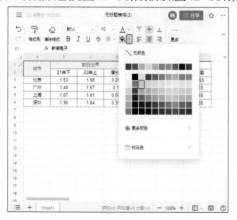

图12-57

❺选中表格中需要添加底纹的列标识单元格区域，单击菜单栏中的"填充颜色"下拉按钮，在打开的下拉列表中选择一种底纹(见图12-58)，效果如图12-59所示。

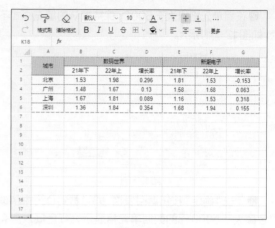

图12-59

12.3.3 统计分析表格

使用钉钉文档功能可以实现复杂表格数据的统计分析。例如，使用条件格式统计前几名的业绩数据、根据表格创建数据透视表和数据透视图，以及对表格数据执行按条件筛选并排序等操作。

扫一扫 看视频

>>>1. 条件格式

❶选中表格中需要设置条件格式的列区域，单击上方的"更多"按钮打开隐藏的功能选项区。单击"条件格式"下拉按钮，在打开的下拉列表中选择"突出显示单元格"子列表中的"单元格值"选项(见图12-60)，打开"新建规则"对话框。

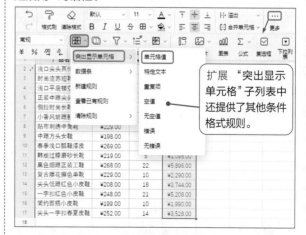

图12-60

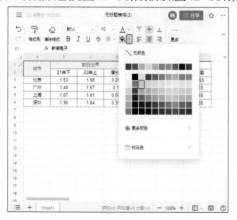

图12-58

第6篇 钉钉篇

❷设置单元格值大于5000，保持默认的填充样式不变，如图12-61所示。

图12-61

❸单击"确定"按钮返回表格，即可看到D列中将销售金额大于5000元的数据单元格显示为红色底纹高亮显示，效果如图12-62所示。

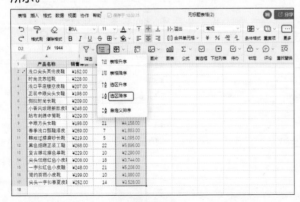

图12-62

>>>2. 数据排序

❶选中表格中需要排序的数据区域，单击上方的"更多"按钮打开隐藏的功能选项区。单击"排序"下拉按钮，在打开的下拉列表中选择"选区降序"选项，如图12-63所示。

图12-63

❷选择"选区降序"选项后，即可将"销售金额"字段从高到低排列，效果如图12-64所示。

图12-64

>>>3. 数据筛选

❶选中表格中需要设置筛选的数据区域，单击上方的"更多"按钮打开隐藏的功能选项区。单击"筛选"下拉按钮，在打开的下拉列表中选择"新建筛选"选项，如图12-65所示。

图12-65

❷此时即可为单元格列标识添加自动筛选按钮，单击"销售金额"字段右侧的筛选按钮，在打开的筛选设置框中切换至"条件筛选"标签，将筛选条件设置为"大于或等于"指定的数据，如图12-66所示。

图12-66

❸单击"确定"按钮完成数据筛选,图12-67所示为筛选后的结果,可以看到不符合条件的数据记录都被隐藏了。

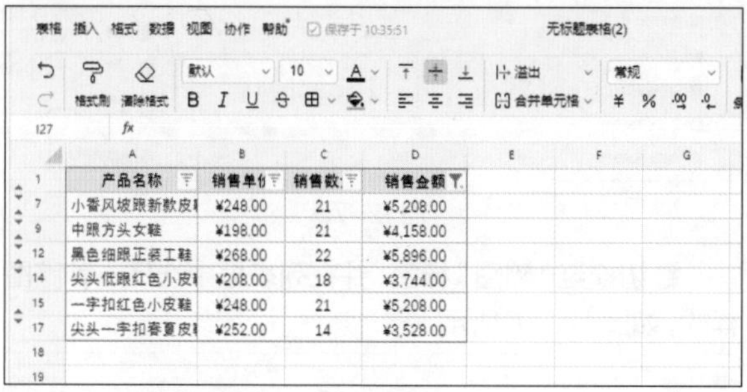

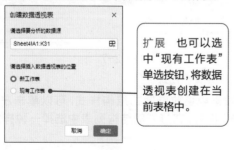

图12-67

>>>4. 数据透视表

❶选中数据区域中的任意单元格,单击上方菜单栏中的"数据透视表"按钮(见图12-68),打开"创建数据透视表"对话框。

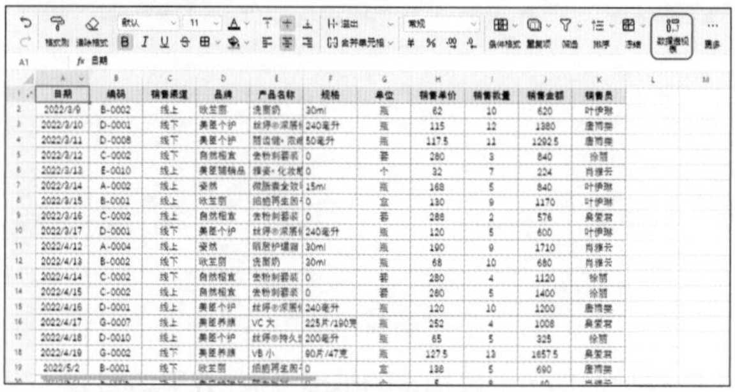

图12-68

❷保持默认选项不变,如图12-69所示。

❸单击"确定"按钮返回表格,即可创建空白数据透视表。

❹在"数据透视表"右侧窗格中分别勾选"字段列表"列表框中的"品牌"和"销售金额"复选框,即可自动将其分别添加至行标签和值字段中,如图12-70所示。

扩展 也可以选中"现有工作表"单选按钮,将数据透视表创建在当前表格中。

图12-69

❺添加字段后,即可看到数据透视表的统计结果。

图12-70

>>>5. 图表

❶选中数据透视表中的数据区域,单击上方的"更多"按钮打开隐藏的功能选项区。单击"图表"按钮(见图12-71),打开"图表"右侧窗格。

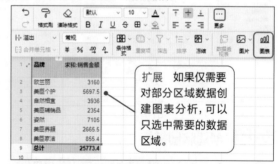

扩展 如果仅需要对部分区域数据创建图表分析,可以只选中需要的数据区域。

图12-71

❷选择"图表类型"为"簇状柱形图",即可根据选中的数据创建柱形图,如图12-72所示。

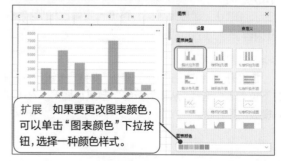

扩展 如果要更改图表颜色,可以单击"图表颜色"下拉按钮,选择一种颜色样式。

图12-72

❸切换至"自定义"标签，重新编辑"图表标题"，如图12-73所示。最终图表效果如图12-74所示。

图12-73

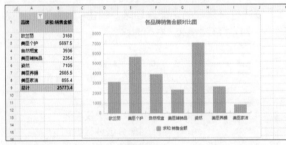

图12-74

12.3.4 创建脑图模板

扫一扫 看视频

使用钉钉文档也可以创建思维导图，让文本数据的表达更清晰、更有逻辑，用户可以直接通过脑图模板创建思维导图，再进一步修改细节样式及内容。

>>>1. 创建模板

❶打开"钉钉文档"界面，单击"新建"按钮，在打开的下拉列表中选择"从模板新建"选项(见图12-75)，进入模板创建界面。

图12-75

❷切换至"脑图"标签，并在列表框中选择一种脑图样式，如图12-76所示。

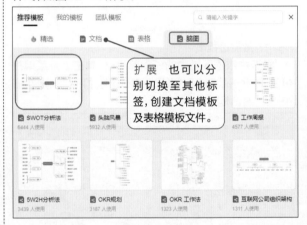

图12-76

❸此时即可创建指定的脑图模板，效果如图12-77所示。

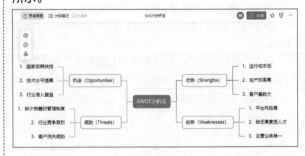

图12-77

>>>2. 更改结构样式

如果要更改脑图的结构样式，可以单击左侧的"结构"图标，在打开的结构列表中选择一种样式(见

图12-78）。选中某样式并单击后，即可更改脑图结构样式，效果如图12-79所示。

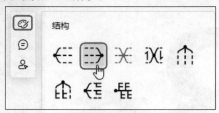

图12-78

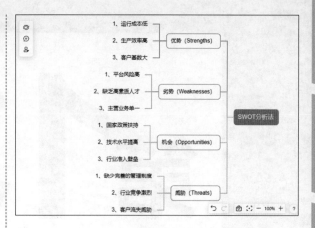

图12-79

第13章

甘特图与
电脑加速

13.1 制作甘特图

甘特图又称为横道图、条状图，它是以条状图来显示各类项目、进度和其他与时间相关的系统进展的内在关系，以及随着时间进展的具体情况。甘特图可以直观地表明计划何时进行，进展情况及其要求的对比效果。

绘制甘特图便于管理者了解项目的剩余任务，并评估整个工作的流程进度。其本质上是一种项目管理计划。

13.1.1 甘特图应用范围

本小节简单介绍甘特图在实际学习和工作中的应用范围，主要分布在项目管理和建筑等领域。

扫一扫　看视频

（1）项目管理：甘特图在现代项目管理中的应用是最为广泛的，它既便于管理者了解和应用项目流程，如帮助管理者预测时间、成本、数量及质量上的结果，也便于管理者了解人力、资源、日期、项目中重复的要素和关键的部分。通过使用甘特图，可以直观地看到各项任务的进展情况、资源的利用率等。

（2）其他领域：随着生产管理、项目管理的发展，甘特图还被广泛应用于建筑、IT软件、汽车等行业。

13.1.2 下载亿图图示

用户可以使用各种软件创建甘特图，下面以"亿图图示"软件为例，详细介绍其下载方式。

扫一扫　看视频

❶在浏览器地址栏中输入亿图图示的官方下载地址，单击"免费下载"按钮（见图13-1），进入下载界面。

图13-1

❷根据提示打开安装包并执行安装步骤，得到如图13-2所示的"亿图图示"安装首页。

❸单击"开始安装"按钮执行安装步骤，安装完毕即可打开如图13-3所示的"亿图图示"首页。

图13-2

图13-3

13.1.3 应用甘特图模板

亿图图示为用户提供了很多实用的付费和免费的甘特图模板，下载模板后适当修改部分元素并设置样式即可应用到自己的工作和学习中。

扫一扫　看视频

❶打开"亿图图示"首页后，单击左侧的"模板社区"选项卡，进入选择模板界面。选择其中的模板缩略图（见图13-4）即可进行下载。

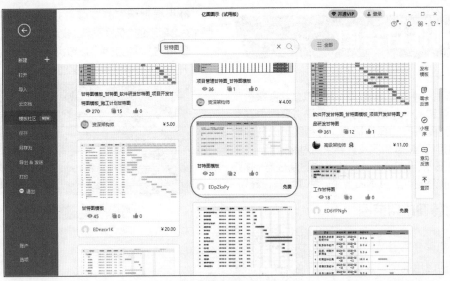

图13-4

❷此时即可根据选中的模板创建甘特图，效果如图13-5所示。

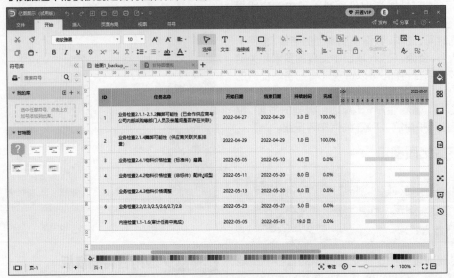

图13-5

13.1.4 自定义创建甘特图

扫一扫 看视频

除了使用甘特图模板，也可以自定义创建甘特图，再逐步修改文字并添加新流程项目。

>>>1. 甘特图选项

❶打开"亿图图示"首页后，单击左侧的"新建"按钮，在打开的子列表中选择"甘特图"选项(见图13-6)，进入甘特图创建界面。

❷在左侧的"甘特图"栏中选择一种样式，按住鼠标左键将其拖至右侧的空白区域(见图13-7)，释放鼠标即

可完成甘特图的创建，如图13-8所示。

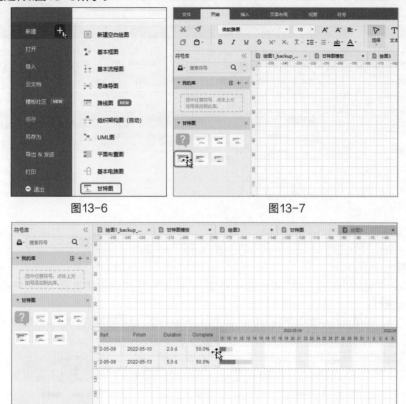

图13-6   图13-7

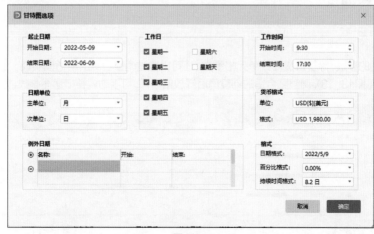

图13-8

❸此时会弹出"甘特图选项"对话框，在其中依次设置项目的起止日期、工作日、工作时间等参数，如图13-9所示。

图13-9

❹单击"确定"按钮返回甘特图创建界面，此时即可看到创建好的甘特图效果，修改其中的文字说明，如图13-10所示。

图13-10

>>>2. 添加新任务

❶在需要添加新任务的"任务名称"单元格中右击，在弹出的快捷菜单中选择"添加任务在之后"选项(见图13-11)，即可添加新行。

❷依次添加新行后，在单元格中输入新任务的任务名称、开始日期、结束日期、持续时间，以及完成进度百分比值，效果如图13-12所示(右侧的横道图图示会根据输入的参数自动绘制)。

图13-11   图13-12

>>>3. 调整横道图

如果要调整横道图的参数，除了直接修改单元格参数，还可以通过调整右侧的横道图实现。选中横道图后，按住鼠标左键并向右侧拖动(见图13-13)，调整至合适的刻度值后释放鼠标，即可手动调整横道图参数，效果如图13-14所示。

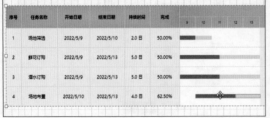

图13-13   图13-14

13.1.5 ▶ 美化甘特图

创建好甘特图之后，还可以设置其填充效果、配色，以及整体主题样式。

扫一扫　看视频

>>>1. 渐变填充

❶单击右侧的 》按钮打开隐藏设置框，在"填充"标签下选中"渐变填充"单选按钮，并单击"方向"下拉按钮，在打开的下拉列表中选择一种样式，如图13-15所示。

❷调整"渐变光圈"的滑块至合适位置，并单击"颜色"下拉按钮，在打开的下拉列表中选择一种颜色，如图13-16所示。

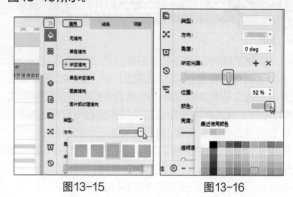

图13-15　　　　　　　　图13-16

>>>2. 图案填充

❶选中"图案填充"单选按钮，在"图案"下拉列表中选择一种样式，并调整图案的亮度、透明度等参数，如图13-17所示。

❷最终应用的图案填充效果如图13-18所示。

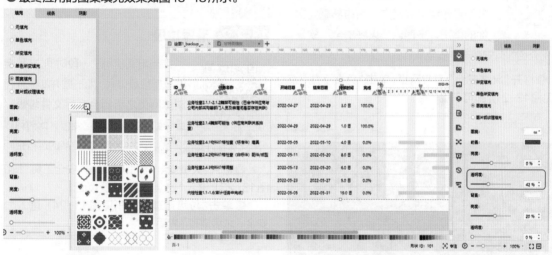

图13-17　　　　　　　　　　　　　　　图13-18

>>>3. 应用主题颜色

❶切换至"主题"标签下，选择一种主题样式，如图13-19所示。

❷切换至"颜色"标签下，为甘特图指定主题配色样式，如图13-20所示。

图13-19　　　　　图13-20

13.2 电脑安全与加速

掌握了各种实用办公学习软件的应用技巧之后，还需要了解电脑安全与加速的基础知识，避免电脑出现故障后导致文档丢失或损坏。电脑安全和加速是相辅相成的，电脑加速是指由于存储文件过多或者电脑存在病毒，导致电脑运行速度变慢，需要对其进行优化配置的过程。如果我们在电脑中安装了实用可靠的安全软件，阻止我们下载带有病毒的文件或"流氓"软件，自然就会提高电脑的运行速度，从而提高工作效率与学习效率。

13.2.1 安装安全软件

扫一扫 看视频

用户可以为电脑安装免费或付费的实用安全软件，防止出现因电脑"裸奔"导致中毒并泄露公司内部重要文件的情况。下面以"火绒安全"软件为例介绍如何安装电脑安全软件。

❶打开"火绒安全"官方网页，单击"免费下载"按钮（见图13-21），即可下载软件。

图13-21

❷下载完毕并完成安装后，打开如图13-22所示的"火绒安全"首页。

图13-22

经验之谈

用户应当选择一些官方的、正规的、好评率高的安全杀毒软件，避免无意间被动安装一些"流氓"软件泄露电脑中的个人信息，避免因安装了"流氓"软件让电脑变得更加卡顿。

13.2.2 清理垃圾

扫一扫 看视频

当电脑使用了一段时间之后，会产生一些垃圾碎片，如下载并卸载程序、浏览网页之后都会产生文件垃圾，这会导致电脑运行速度变慢，此时可以使用安全软件扫描并清除，为电脑释放更多的运行空间。

❶进入"火绒安全"首页后，单击"安全工具"按钮（见图13-23），进入"安全工具"设置页面。

❷单击"垃圾清理"按钮（见图13-24），进入"火绒安全－垃圾清理"界面。

图13-23

图13-24

③单击"开始扫描"按钮(见图13-25),即可进入垃圾扫描界面。扫描完毕单击"一键清理"按钮(见图13-26),即可清理电脑中的垃圾碎片文件。

图13-25

图13-26

13.2.3 文件粉碎

为了释放电脑空间让程序运行更快,可以定期将不需要的程序或文件进行粉碎。

扫一扫 看视频

❶进入"安全工具"界面后,单击"文件粉碎"按钮(见图13-27),进入"火绒安全-文件粉碎"界面。

❷单击右下角的"添加文件"按钮(见图13-28),打开"选择"对话框。

图13-27

图13-28

❸在列表中依次勾选需要粉碎的文件复选框(见图13-29),单击"选择"按钮后进入文件粉碎界面,如图13-30所示。

❹单击"开始粉碎"按钮即可进行文件粉碎。

图13-29

图13-30

13.2.4 病毒查杀

扫一扫 看视频

用户应当养成定期进行全盘或者自定义查杀电脑病毒的习惯，及时发现并杀灭病毒，让电脑随时处于高速安全的运行环境。

❶单击"病毒查杀"按钮进入病毒查杀界面，单击"全盘查杀"按钮(见图13-31)即可进行查杀,如图13-32所示。

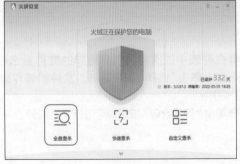

图13-31

图13-32

❷如果选择全盘查杀会耗时较久，等查杀完毕,对查找出来的病毒及时处理即可。

13.2.5 清理磁盘

扫一扫 看视频

电脑运行久了以后，会导致磁盘空间被过多文件碎片占据，此时可以定期检查并删除磁盘碎片，给磁盘预留更多的运行和存储空间。

❶在桌面上单击"此电脑",在打开的窗口中找到需要清理的磁盘,如C盘,在图标上右击,在弹出的快捷菜单中选择"属性"选项(见图13-33),打开磁盘的属性对话框。

❷单击"磁盘清理"按钮(见图13-34),打开磁盘清理的对话框。

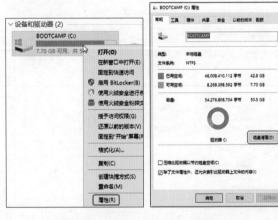

图13-33　　　　　　图13-34

❸单击"清理系统文件"按钮(见图13-35),即可进入磁盘清理状态。

❹清理完毕会弹出提示对话框,提示是否永久删除文件,如图13-36所示。

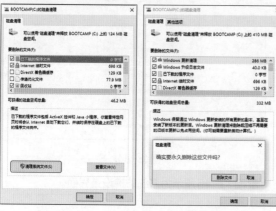

图13-35　　　　　　图13-36

❺单击"删除文件"按钮,提示正在清理,如图13-37所示。

❻待清理完毕,即可完成磁盘清理操作。

图13-37

13.2.6 扫描文件

当下载了新的程序或文件后,可以在安装或打开之前先使用安全软件扫描病毒,确认安全后再安装并打开程序或文件。

扫一扫 看视频

❶找到下载的文件后选中并右击,在弹出的快捷菜单中选择"使用火绒安全进行杀毒"选项,如图13-38所示。

图13-38

❷此时即可进行病毒扫描,确定无病毒后,再进行下一步操作,如图13-39所示。

图13-39

13.2.7 卸载程序

如果要卸载不需要的软件为电脑释放空间,提高空间存储量和运行速度,可以在"控制面板"窗口中找到该程序并执行卸载操作。

扫一扫 看视频

❶在桌面上双击"控制面板"(见图13-40),打开"控制面板"窗口。

❷单击"卸载程序"按钮(见图13-41),进入"卸载或更改程序"界面,找到需要卸载的程序,选中并右击,在弹出的快捷菜单中选择"卸载"选项(见图13-42),即可进行卸载操作。

图13-40

图13-41

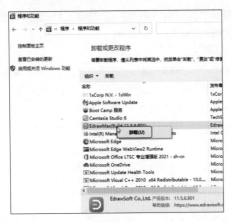

图13-42

13.2.8 防护中心

扫一扫 看视频

为了提高日常上网的安全性，以及提高对网络和病毒的安全防护的关注度，可以进入安全软件中的防护中心查看并进行设置。

❶打开"火绒安全"首页，单击"防护中心"按钮（见图13-43），进入"防护中心"设置界面。

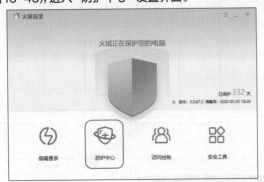

图13-43

❷在"病毒防护"标签下可以选择合适的选项并进行设置，如图13-44所示。

图13-44

❸图13-45所示为系统防护设置界面。

图13-45

❹图13-46所示为网络防护设置界面。

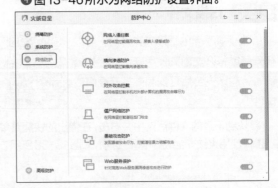

图13-46